항공서비스시리즈 ❼

항공객실 안전과 보안

Cabin Safety and Security

박혜정 · 김선아 공저

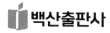 백산출판사

항공서비스시리즈를 출간하며

　글로벌시대 관광산업의 발전과 더불어 항공서비스 및 객실승무원에 대한 관심이 증가됨에 따라 전문직업인을 양성하는 대학을 비롯하여 여러 교육기관에서 관련 교육이 확대되고 있다.

　저자도 객실승무원을 희망하는 전공학생을 대상으로 강의를 하면서 교과에 따른 교재들을 개발·활용해 왔으며, 이제 그 교재들을 학습의 흐름에 따라 직업이해, 직업기초, 직업실무, 면접준비 등의 네 분야로 구분·정리하여 항공서비스시리즈로 출간하였다.

직업이해	1	멋진 커리어우먼 스튜어디스	직업에 대한 이해
직업기초	2	고객서비스 입문	서비스에 대한 이론지식 및 서비스맨의 기본자질 습득
	3	서비스맨의 이미지메이킹	서비스맨의 이미지메이킹 훈련
	3-1	항공체육 50선	필라테스 운동을 통한 승무원 취업을 위한 체력준비
직업실무	4	항공경영의 이해	항공운송업무 전반에 관한 실무지식
	5	항공객실업무	항공객실서비스 실무지식
	6	항공기내식음료서비스	서양식음료 및 항공기내식음료 실무지식
	7	항공객실 안전과 보안	항공객실 안전 및 보안에 관한 실무지식
	8	기내방송 1·2·3	기내방송 훈련
면접준비	9	항공사 객실승무원 면접	승무원 면접준비를 위한 자가학습 훈련
	9-1	면접워크북	승무원 면접준비를 위한 실전 점검 워크북
	10	English Interview for Stewardesses	승무원 면접준비를 위한 영어인터뷰 훈련

모쪼록 객실승무원을 희망하는 지원자 및 전공학생들에게 본 시리즈 도서들이 단계적으로 직업을 이해하고 취업을 준비하는 데 올바른 길잡이가 되기를 바란다. 또한 이론 및 실무지식의 습득을 통해 향후 산업체에서 현장적응력을 높이는 데도 도움이 되기를 바란다.

　아울러 항공운송산업의 환경은 지속적으로 변화·발전할 것이므로, 향후 현장에서 변화하는 내용은 즉시 개정·보완해 나갈 것을 약속드리는 바이다.

　본 항공서비스시리즈 출간에 의의를 두고, 흔쾌히 맡아주신 백산출판사 진욱상 사장님과 편집부 여러분께 깊은 감사의 말씀을 전한다.

저자 씀

PREFACE

　항공업계의 발전으로 인해 객실서비스가 항공사 간 경쟁의 초점이 되면서 객실승무원의 역할은 지속적으로 확대되고 있다. 또한, 최근 항공안전과 보안이 강조되면서 비행의 안전·보안을 담당하고 있는 객실승무원의 중요성이 더욱 높아지고 있다.

　객실승무원은 승객이 목적지까지 안전하고 편안한 여행을 할 수 있도록 비행안전을 철저히 확보하는 것이 가장 중요한 업무이므로 교육과 훈련을 통해 기내안전보안에 관한 업무역량을 철저히 갖추어야 한다. 특히 항공기 내에서 비행 전·중·후에 발생 가능한 사고에 미리 대비하고 예기치 못한 비상사태에 신속하게 대처함으로써, 대형사고를 방지하고 피해를 최소화할 수 있으므로 객실승무원의 안전·보안 업무는 비행업무 수행에 있어서 최우선으로 강조된다.

　본서는 항공사 객실승무원을 지망하는 항공 관련 전공 학생들을 위한 교과교재로 활용하고자 항공기 안전·보안 업무에 관한 기초 실무지식의 내용으로 구성되었으며, 그 특징은 다음과 같다.

　첫째, 비행 안전업무는 단순히 사고에 대비한 업무가 아니라, 승무원의 임무규정 준수를 시작으로 원만한 기내서비스 진행을 위한 모든 업무가 해당된다는 측면에서 비행 전반에 관한 승무원의 역할과 업무수행을 중심으로 기술하였다.

　둘째, 최근 항공보안에 대한 중요성이 높아짐에 따라 항공보안을 확보하기 위한 기준, 절차, 의무 사항 등 항공보안 관리 업무에 관한 내용을 강화하였다. 아울러 항공안전 및 보안요원으로서 객실승무원이 갖추어야 할 기본 요건과 항공보안에 대한 전반적인 기본 지식을 학습할 수 있도록 항공보안 분야를 강화하였다.

셋째, 학습내용에 있어서 객실승무원이 근무하게 될 환경과 관련된 항공기의 주요 구성요소, 기능 및 비행 이론 등을 파악하도록 하였다.

넷째, 안전보안업무에 통용되는 전문용어를 그대로 사용하여 현장감을 높였고, 기내에서 발생 가능한 비상사태에 관한 내용의 이해를 돕기 위해 관련 사진 및 기사 자료 등을 수록하였다.

승무원의 안전·보안 업무에는 항공사별로 큰 차이가 없을 것이나 가능한 현재 국내 항공사의 기내업무 흐름에 맞추어 비행안전·보안 업무에 대한 내용을 다루었다.

하지만 항공기종별 상세한 설명은 추후 항공사별로 보유기종에 따른 세부교육이 진행될 것으로 판단되어 부득이 생략하였다. 이 점 독자의 양해를 바란다.

모쪼록 본서가 항공사 객실승무원이 되기를 희망하는 학생들에게 항공안전·보안 업무에 관한 기초 실무지식을 습득하고 향후 산업체에서의 현장 적응력을 높이는 데 도움이 되기를 바란다.

끝으로 이 책이 출간되기까지 내용 감수와 자료 제공 등 여러모로 많은 도움을 주신 분들께 지면을 통해 깊은 감사의 말씀을 드린다.

저자 일동 씀

CONTENTS

PART Ⅱ　항공 안전 · 보안 개요

PART Ⅳ   비상상황 대응

Chapter 9 비행 중 상황별 비상상황과 대응방법   161

항공기의 이해

항공기의 역사 및 특징

항공기의 역사 및 특징

Chapter 1

제1절 │ 항공기의 정의와 특성

1. 항공기의 정의

항공기에 관한 정의는 여러 가지가 있으나 그중 가장 일반적인 것은 「항공안전법」 제2조(정의) 제1항으로 "항공기란 공기의 반작용(지표면 또는 수면에 대한 공기의 반작용은 제외한다.)으로 뜰 수 있는 기기로서 최대이륙중량, 좌석 수 등 국토교통부령으로 정하는 기준에 해당하는 비행기, 헬리콥터, 비행선, 활공기

(滑空機)와 그 밖에 대통령령으로 정하는 기기"이다. 그리고 국제민간항공기구(ICAO)에서는 "항공기란 공기의 작용에 의하여 대기 중에 떠 있을 수 있는 모든 기구"라고 정의하고 있다.

출처 : Boeing사 홈페이지

2. 항공기의 특성

1) 고속성

항공기의 대표적인 특성은 고속성이다. 항공기의 속도는 1950년대 평균 시속 273km, 1960년대 제트시대 초반에는 시속 502km, 1970년대 초 시속 761km를 거쳐, 보잉사 B747기의 경우 948km까지 고속화되었다.

민간항공기의 속도는 항공기의 최고 속도나 순항 속도(수평속도)만으로 결정되는 것이 아니라 구간 속도(Block Time)에 의해서도 결정된다. 즉 항공기의 속도를 측정할 때에는 수송기가 움직이기 시작하여 목적지의 비행장에 도착한 후 완전히 정지할 때까지를 기준으로 하며, 구간 속도는 출발지에서 목적지까지 비행할 경우 양 지점 간의 거리를 총소요시간으로 나누어 계산하게 된다. 이는 지상유도-엔진점검-이륙-상승-운항-하강-진입-착륙-지상유도의 9단계에 소요되는 총시간을 기준으로 결정된다.

2) 안전성

항공기 사고는 일단 발생하면 대형사고로 엄청난 인명과 재산 피해를 동반하게 되나 통계적으로 항공수단은 여타 교통수단에 비해 사고 발생률이 가장 낮다.

항공기의 안전도는 운항 시 항공기의 기술적 원인 및 항공 노선의 기상조건 등 자연적 원인에 의해 크게 좌우되는데, 현대에 와서 항공기 설계, 운항 기술 및 공항 시설 등의 발달로 그 안전성이 더욱 향상되고 있다.

3) 정시성

항공기 정시성의 측정지표는 취항률과 정시 출발률이 되는데 항공기의 정시성은 항공기 정비의 복잡성 및 비용이성, 비행장의 기상상태 및 비행 경로상의 풍속 등 기상조건, 공항 이착륙 시의 혼잡에 크게 영향을 받게 된다. 그러나 항공기 고유의 특성인 고속성을 이용하여 수송 빈도를 높임으로써 이는 어느 정도 보완이 가능하다.

4) 쾌적성

　항공서비스는 가시적인 상품을 고객에게 제공하는 것이 아니라 고객이 필요로 하는 인간으로서의 욕망이나 산업의 필요를 충족시키는 서비스를 제공하는 특성이 있다. 그러므로 항공기에는 방음장치, 기압 및 온도조절장치, 진동 및 동요의 최소화 장치 등이 설치되어 있고, 항공사별로 항공 여객의 쾌적한 여행을 위해 기내식, 다양한 오락시설, 편의시설 등 물적 서비스와 객실승무원의 인적 서비스 등이 제공된다. 최근 신형 기종의 기내인테리어 고급화는 항공기의 쾌적성을 더욱 높이고 있다.

1. 태동기

항공기는 오랜 역사를 거슬러 올라가 획기적인 발명을 근간으로 하는 태동기를 거치며 발전해 왔다.

- 1485년, 이탈리아의 레오나르도 다 빈치(Leonardo da Vinci)에 의해 날개 달린 최초의 비행기계라 할 수 있는 비행장치가 고안되어 인력에 의한 날개치기식 비행기가 설계되었다.
- 1783년, 프랑스의 몽골피에(Montgolfier) 형제에 의해 최초로 기구가 발명되어 열기구 비행에 성공, 파리 상공을 비행하는 등 비행의 원리가 발견되었다.
- 1900년, 독일의 F. 체펠린(Zeppelin)에 의해 용적과 실용 성능을 갖춘 비행선이 개발·제작되었다.
- 1903년, 미국의 라이트 형제(Orville and Wilbur Wright)는 인력에 의한 비상의 한계를 느끼고 가솔린 엔진을 비행의 동력원으로 사용하여 복엽 글라이더에 가솔린 엔진을 장착, 비행에 성공함으로써 세계 최초의 동력 비행기를 제작하였다. 이로써 본격적인 인간의 항공 역사가 시작되었다고 할 수 있다.
- 1909년, 프랑스의 L. 블레리오(Louis Bleriot)가

⬆ 몽골피에 형제의 열기구

⬆ 라이트 형제 '플라이어 1호'

근대 항공기의 원형이라 할 수 있는 단엽식 비행기를 개발해 영·불해협 횡단이 이루어졌다.

• 1915년, 독일의 융커스(Junkers)가 세계 최초의 전금속제 비행기 융커스 J1의 첫 비행을 실현하였다. 그리고 제1차 세계대전으로 인해 항공기가 군용물자의 수송에 중요한 역할을 담당함으로써 항공기의 눈부신 발전의 토대를 구축하기에 이른다.

2. 제1차 발전기

⬆ 더글러스 DC-3
출처: 위키백과

1933년, 미국에서 전금속제 비행기의 근대적 쌍발여객기인 보잉(Boeing)사의 B247, 더글라스 DC1의 첫 비행 이후 미국의 근대적 민간 여객 항공기가 등장하면서(B247, DC2, DC3) 항공기의 순항 속도, 수송 능력, 항공계기 등 여러 방면에서 획기적인 발전을 이루는 계기가 되었다.

3. 제2차 발전기

⬆ 더 해빌런드 DH.106 코멧
출처: 위키백과

1940년대는 제2차 세계대전으로 인한 항공 기술의 개발로 최초의 제트엔진이 개발되어 1949년 세계 최초의 실용 제트엔진 여객기 코멧(Comet)이 등장하였으며 장거리 비행 및 기체 대형화가 실현되었다.

4. 제트엔진 실용기

- 1950년대는 기술 혁신을 통한 대량 수송체제에 돌입하여 항공기의 경제성 개념이 도입되었다.
- 1954년, 세계 최초의 수직 이착륙(VTOL)기가 수직 이착륙에 성공하였다.
- 1955년, 네덜란드에서 DC3과의 대체를 겨냥한 터보프롭여객기 F27의 첫 비행이 이루어졌다.
- 1958년, 팬암(PAN AM)의 B707이 뉴욕-파리 구간의 비행으로 민간 항공의 제트시대가 개막되었고, 오늘날 항공 수송의 기초가 되었다.
- 1963년, 제트여객기의 대표인 3발 여객기 B727의 첫 비행이 이루어졌다.

⬆ 팬암(PAN AM) B707
출처: Wikimedia

- 1969년, 미국에서는 항공기의 대량 수송 시대와 항공여행의 대중화를 열게 한 초대형 제트여객기 B747 1호의 첫 비행이 있었다. 같은 해 초음속여객기 콩코드(Concorde)[1]가 영국·프랑스의 합작으로 개발되어 첫 비행을 하게 되었다.

이후 오일 쇼크를 겪고 난 후에는 연료 절감형, 저소음형 항공기의 개발이 요구되어 보잉사의 B767과 테크노 점보 B747-400, 에어버스사(Air Bus)의 A320 등 제4세대 제트기가 개발되었다.

- 1970년, 맥도널 더글라스 DC10의 첫 비행이 있었다.
- 1972년, 서유럽(프랑스, 서독) 공동 개발 여객기 에어버스 A300의 첫 비행이 있었다.

⬆ A300 여객기
출처: Airbus 홈페이지

---

1) 2003년 11월, 영국 '브리티시 항공' 소속 초음속 콩코드 여객기가 전시장으로 마지막 퇴역 비행을 실시하였다.

5. 제3차 발전기

- 1980년대 항공여행의 대중화, 대량 고속운송체제의 확립으로 경제성과 효율성을 추구하는 형태의 신종 항공기 개발이 지속적으로 추진되었다.
- 1982년, B757, A310의 첫 비행이 있었다.
- 1986년, 네덜란드 F100 쌍발 제트여객기의 첫 비행이 있었다.
- 1990년, 맥도널 더글라스 MD11을 개발했다.
- 1991년, A340의 첫 비행이 있었다.
- 1995년, B777 여객기가 개발되었다.

6. 항공기의 초대형화

⬆ A380
출처: Airbus 홈페이지 https://www.airbus.com/

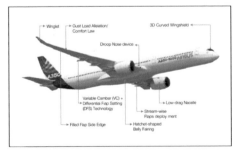

⬆ A350항공기
출처: Airbus 홈페이지

　근래에 와서 항공기의 초대형화·초고속화에 의한 개발비 증대로 막대한 자본과 기술력이 필요하게 됨에 따라, 항공기의 발전은 항공기 제작사들의 통폐합 진행 및 최첨단 항공기의 공동개발 등 국제 협력 및 국제 공동개발과 생산으로 더욱 가속화되고 있다.

　EU(유럽연합)의 에어버스사가 최고 550명까지 탑승할 수 있는 초대형 여객기 A380과 친환경 중대형 여객기인 A350을, 세계 최대 항공기 제작사인 미국 보잉사도 1만 5천km 이상을 비행할 수 있는 첨단 중대형 여객기 B787기를 내놓았다.

이들 신형기종의 경우, 연료 절감과 함께 배출가스를 획기적으로 줄일 수 있는 '항공기 현대화'를 실현한 점이 큰 특징이라고 할 수 있다. 즉 기체의 크기에 비해 상상할 수 없을 정도로 소음이 적고, 이산화탄소의 배출량 또한 매우 적어서 '환경친화적인 비행기(Environment-Friendly Aircraft)'로 인정받고 있다. 또한, 최근 지속 가능한 항공연료 (SAF/Sustainable Aviation Fuel)에 대한 관심이 높아지고 있다.

⬆ B787-9 Dreamliner
출처: Boeing 홈페이지 https://www.boeing.com/

항공기의 비행 원리, 즉 비행에 있어서의 필수 요건은 항공기 부양원리와 구조, 공기역학적인 힘(비행기에 작용하는 4가지 힘), 추진장치 그리고 항공기의 기본운동이라고 할 수 있다.

1. 항공기 부양 원리와 구조

비행기의 무게를 지지하는 것은 날개에 작용하는 양력이다. 항공기가 엔진의 힘으로 전진하면 날개 상하면에는 압력차가 발생한다. 즉, 날개 상면은 압력이 작아지고 날개 하면은 압력이 커지게 된다. 이때 큰 쪽에서 작은 쪽으로 작용하는 압력으로 인해 날개를 상승시키는 힘이 발생하게 되는데, 이 힘을 '양력'이라 하고 이 힘에 의해 비행기 전체가 상승하게 된다.

항공기의 구조는 양력을 발생시킬 수 있게 날개면적이 넓어야 하며 공기의 저항이 적게 유선형이 되어야 한다.

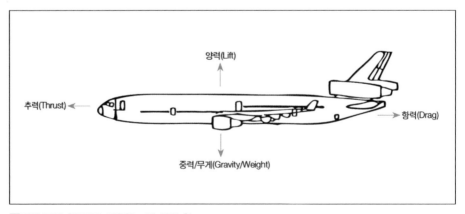

⬆ 비행 중인 항공기에 작용하는 네 가지 힘

2. 공기 역학적인 힘

항공기가 하늘을 날 때 작용하는 기본적인 4가지 힘은 다음과 같다. 비행기는 자체적으로 기체 중량이 지구 중심을 향해 작용하고 있으며, 공중에 뜨기 위해서는 이 중량 이상의 양력이 작용해야 한다. 또한 항공기가 날개에 양력을 발생시키기 위해서 어떠한 속도로 공기 속을 진행하면 날개 및 비행기 전체에 공기 저항이 발생하게 되는데, 비행기가 가속을 하기 위해서는 항력 이상의 추력으로 항력을 극복해야 한다. 비행기가 일정한 속도로 수평비행을 하는 것은 항력이 추력과 같을 때, 날개의 양력이 기체의 무게와 평형을 이루고 있기 때문이다.

3. 추진장치

항공기의 추진장치는 엔진을 의미한다.

4. 항공기의 기본운동

항공기는 비행 중 다음과 같이 3가지 기본운동을 한다.

1) 선회운동(Rolling)

날개 보조익(Aileron)의 작용에 의해 항공기의 좌우 주날개가 상하로 움직이는 것으로, 옆놀이라고 한다.

2) 상하운동(Pitching)

꼬리날개 승강키(Elevator) 작용에 의해 항공기의 앞뒤가 위, 아래로 움직이는 것을 말하며, 키놀이라고 한다. 항공기의 상승, 하강 운동을 일으키는 동작이다.

3) 좌우운동(Yawing)

꼬리날개 방향키(Rudder)의 작용에 의해 항공기의 기수가 좌, 우로 움직이는 것을 말하며 빗놀이라고 한다. 보조익(Aileron)과 함께 작동하며 항공기의 선회 운동을 일으킨다.

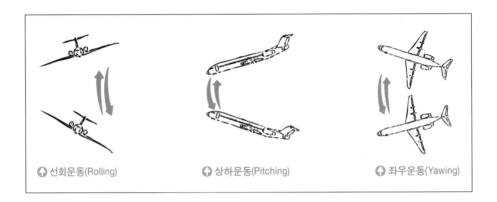

⬆ 선회운동(Rolling)　　　　⬆ 상하운동(Pitching)　　　　⬆ 좌우운동(Yawing)

1. 이륙(Take-off)

항공기가 이륙 및 상승할 때의 항공기의 성능은 하나의 엔진이 고장으로 가동되지 않는 상태의 성능을 기준으로 계산되어 있으므로 이륙 및 상승 과정에서 하나의 엔진이 작동되지 않아도 항공기 안전에는 지장이 없다. 그러나 다음의 성능 기준들을 고려하여 항공기 운항 책임자인 기장은 이륙을 중단할지 계속할지 정확하게 판단해야 한다.

1) 이륙 속도(Take-off Speed)

이륙단계별 기준이 되는 속도를 말하며 활주로의 길이, 항공기 이륙 중량, 온도, 활주로 표고에 따라 변화하며 이륙 전 운항승무원에 의해 반드시 계산되어야 한다.

■ V_1 (Critical Engine Failure Speed)

이륙 중 하나의 엔진이 고장났을 경우 이륙을 중단할 것인가 또는 계속할 것인가의 판단 기준이 되는 속도이다. V1 이전에 항공기에 고장이 났을 경우에는 이륙을 중단해야 하며, 이 속도 이상에서 엔진이 고장났을 경우에는 이륙을 계속해야 한다. 즉 V1 이전에서 엔진이 고장난 상태로 이륙을 계속할 경우에는 안전한 상승을 보장할 수 없다. 또한 V1 이후에서 이륙을 중단해야 하는 경우에는 주어진 활주로상에 안전하게 정지할 수가 없다.

■ V_R (Take-off Rotation Speed)

항공기가 부양할 수 있는 충분한 양력이 형성되는 속도를 말하며 이 속도에 도달하게 되면 항공기는 기수를 들어 부양을 시작하게 된다.

■ V₂ (Take-off Climb Speed)

하나의 엔진이 고장난 상태에서도 안전한 상승률을 유지할 수 있는 속도를 말하며 활주로의 끝을 벗어나기 이전에 이 속도를 유지해야 한다.

2) 이륙 활주로

항공기 이륙 중량의 산출에 기본이 되는 사항들을 말하며 이륙 중량의 산출 시 고려되어야 할 사항은 다음과 같다.

■ Take-off Distance(TOD)

지상활주를 시작하는 시점으로부터 항공기가 부양하여 Main Gear 35ft 고도에 이르기까지의 수평거리를 말하며 35ft 고도는 항상 활주로 끝부분 이전에 이루어져야 한다.

■ Accelerate Stop Distance(ASD)

지상활주를 시작하는 지점으로부터 V1에서 하나의 엔진이 고장났을 때 제동조작을 시작하여 항공기가 완전히 정지할 때까지의 거리를 말하며 항공기는 항상 활주로상에서 정지하여야 한다.

3) 이륙 중량

이륙 중량은 활주로 길이, 표면 상태, 표고, 경사도, 활주로 연장선상의 장애물, 외기 온도, 바람의 방향과 속도 등의 영향을 받아 이륙 시마다 이륙 중량이 변화하므로 매번 계산하여야 한다.

2. 상승(Climb)

엔진출력과 공기의 저항이 같을 경우 일정한 속도로 수평비행을 하게 되며 속도를 증가시키거나 상승하기 위해서는 일정량 이상의 출력이 필요하게 된다. 따라서 효과적인 상승을 위해 상승률, 상승각, 상승 속도, 엔진 출력이 고려되어야 한다.

3. 순항(Cruise)

일반적으로 상승과 강하를 제외한 수평비행을 순항이라 하며 적정한 순항고도와 속도의 선정은 연료 소모량의 결정적인 요인이 된다.

4. 강하(Descent)

항공기가 순항고도로부터 비행장에 착륙하기 위하여 진입하기 전까지를 말하며 보통 순항고도로부터 착륙공항 상공 1,500ft 고도에 도달할 때까지의 비행단계를 말한다.

5. 진입(Approach)

항공기가 비행장에 착륙하기 위해 일정 항공로에서 벗어나 활주로 상공 50ft 지점까지 접근하는 경로를 말한다.

1) Decision Height(DH)

착륙 진입 중 계속하여 착륙을 할 것인가 또는 착륙을 포기할 것인가를 판단하는 기준이 되는 고도를 말하며 진입방식, 지형지물 등에 따라 고도의 기준이 결정된다.

2) Go Around(또는 Missed Approach)

착륙 시도 중 착륙 활주로의 확인이 불가능하거나 활주로상에 장애물이 있을 경우에 착륙을 포기하고 다시 상승하는 것을 말한다.

6. 착륙(Landing)

착륙속도로 활주로 끝 50ft를 통과하여 활주로 시작에서 1,000ft 되는 지점에 접지되도록 하는 것이 표준 절차이며, 활주로 끝(Threshold)으로부터 항공기가 완전히 정지할 때까지의 조작을 착륙이라 한다.

1) 착륙 속도

활주로 끝(Threshold)을 통과할 때의 속도로 1.3Vs(Stall Speed : 실속 속도)를 기준으로 계산되어야 하며 착륙 중량, 풍향 풍속 및 항공기의 상태에 따라 변한다.

2) 제동장치

착륙 시 필요한 제동장치는 다음 3가지로 구분되며 착륙 시 모두 이용된다.

■ Ground Spoiler(Speed Brake)

주로 항공기의 날개 표면에 부착되어 있으며 착륙 시 수직으로 들어 올려 공기 저항을 유발하고 또한 양력을 감소시켜 항공기 자중을 Main Gear로 이동시켜 Brake 효과를 양호하게 하고 감속에 도움을 주며 High Speed에서 효과가 크다.

■ Thrust Reverse

엔진의 출력을 역추진시켜 감속효과를 증대시키는 장치로 High Speed에서 효과가 크다.

■ Brake

회전하는 바퀴에 제동을 가하는 장치로 Low Speed에서 그 효과가 크다.

3) 착륙 거리(Landing Distance)

항공기가 활주로 끝(Threshold)을 통과할 때부터 정지할 때까지의 수평거리를 뜻한다.

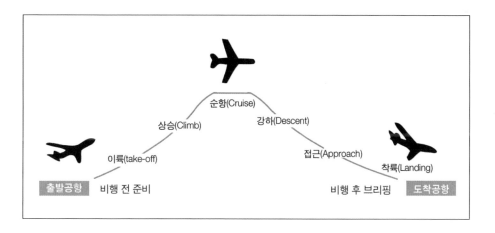

CHAPTER

항공기의 구조

Chapter

2 항공기의 구조

항공기의 분류 및 구조

1. 항공기의 분류

■ 경항공기

공기보다 가벼운 항공기를 말한다.

- 기　구(Balloon) : 동력장치가 없는 항공기
- 비행선(Airship) : 동력장치가 있는 항공기

 공기보다 가벼운 항공기라는 것은 공기보다 비중이 가벼운 기체(수소가스, 헬륨가스, 열공기)를 기밀성(氣密性) 주머니에 넣어 그 주머니가 배제한 부피만큼의 공기와의 중량의 차, 즉 정적(靜的) 부력을 이용하여 공중에 뜨는 항공기를 의미한다.

■ 중항공기

중항공기는 공기보다 무거운 항공기로서, 공기에 대해서 상대적인 운동을 하는 날개에서 발생하는 동적(動的)인 부력, 즉 양력(揚力)을 이용하여 비행하는 모든 항공기를 가리킨다.

- 비행기(Airplane) : 동력장치가 있는 항공기
- 활공기(Glider) : 동력장치가 없는 항공기

2. 항공기의 외부구조

항공기의 구조는 양력을 발생시킬 수 있도록 날개 면적이 넓어야 하며 공기의 저항이 적게 유선형이 되어야 한다.

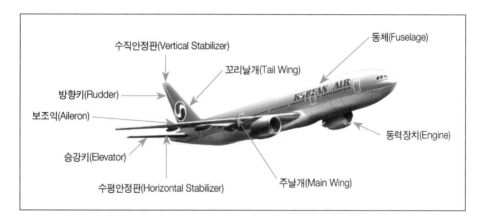

1) 동체(Fuselage)

비행기의 기본 몸체로 조종실(Cockpit or Flight Deck)과 객실(Cabin), 수하물과 화물이 탑재되는 화물실(Cargo Compartment)로 구성된다.

⬆ 항공기 동체

2) 날개(Wing)

(1) 주날개(Main Wing)

비행기를 공중에 뜨게 하는 힘(양력)을 발생시켜 비행기를 뜨게 하는 역할을
한다. 여기에 비행 방향 전환을 하는 보조익(Aileron)을 통해 경사를 줌으로써
선회하게 되며, 이착륙 시 양력을 증가시키는 플랩(Flap)이 있다.

날개의 공간을 이용하여 항공유를 보관하는 연료탱크의 역할을 하기도 한다.

■ 보조익(Aileron)

주날개 뒤쪽에 장착되어 있으며 항공기 선회운동을 순조롭게 하는 장치이
다. 기체의 좌우 안정을 유지하는 역할을 한다.

■ 플랩(Flap)

주날개 뒤쪽에 장착되어 있으며 고양력장치의 일종으로 이착륙 시 양력을
증가시키기 위한 장치이다. Flap 사용 시 양력뿐만 아니라 항력도 증가되어
활주로 접근 및 착륙 시 감속에도 기여한다.

■ 스포일러(Spoiler)

주날개 위에 장착되어 있다. 착륙 시 수직으로 세워 공기의 저항으로 속도를

줄이며 날개의 양력을 제거하는 역할을 한다. 착륙 후에는 공기브레이크 역할로 바퀴의 제동작용을 한다.

■ 윙릿(Winglet)

주날개 끝 가장자리에는 공기의 흐름이 밑에서부터 올라오는 소용돌이가 생기면서 이것이 저항력으로 변하게 된다. 이 공기의 소용돌이를 위로 흘려보내면서 주날개 가장자리에 휘감기는 것을 막아 저항을 줄이는 기능을 한다.

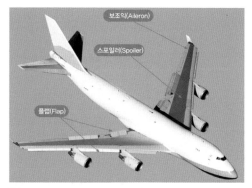

⬆ Main Wing 외부 장치

(2) 꼬리날개(Tail Wing)

비행기의 기수 및 방향을 조종하며 수평 및 수직 꼬리날개로 구성되어 있다. 수평 꼬리날개의 승강키(Elevator)는 기수의 상하운동, 수직 꼬리날개의 방향키(Rudder)는 기수의 좌우운동과 선회 초기에 도움 날개와 함께 항공기의 비행방향 전환을 용이하게 한다.

■ 승강키(Elevator)

수평안정판의 뒤쪽에 장착되어 있으며 상하로 작동하여 기수를 위, 아래로 향하게 하는 장치이다.

■ 방향키(Rudder)

수직안정판의 뒤쪽에 장착되어 있으며 좌우로 작동하여 기체의 좌우

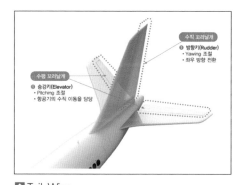

⬆ Tail Wing

선회를 돕는 장치로서 배의 방향키와 같은 역할을 한다.

3) 엔진(Engine, 동력장치)

비행기가 양력을 얻도록 추진력을 발생시키는 장치로서 항공기의 이착륙, 상승, 순항 및 부가적으로 비행기에서 필요로 하는 기내의 여압, 전기, 냉난방을 위한 공기를 제공하는 추력장치이다.

⬆ 동체의 항공사 표시

대부분 항공기 동체의 옆이나 날개부분에 장착되어 있으나, 일부 항공기(MD11, DC10, B727)는 동체 후미부분에 장착되어 있다.

비행기의 성능에 따라 엔진의 수가 각각 다르게 장착되며, B747은 4개, B787은 2개, A380은 4개, A300은 2개의 엔진이 있다.

▪ APU(Auxiliary Power Unit)

⬆ 보조동력장치 APU(Auxiliary Power Unit)

비행기의 보조동력장치로 지상과 상공에서 모두 작동시킬 수 있으며 주로 비행기의 꼬리날개 안쪽에 장착되어 있다. 최근의 제트여객기는 보조동력장치로 불리는 이 소형엔진을 장착하여 지상에서 비행기 시스템을 작동시키기 위한 전기나 압축공기를 제공하며, 비행 중에는 비상대기전원으로 사용된다.

■ GPU(Ground Power Unit)

항공기의 주엔진과 APU를 사용하고 있지 않을 때 항공기에 필요한 전기 동력을 공급하는 지상 전원공급 장비이다. APU는 하나의 소형엔진이므로 주기 중인 비행기 전원이나 에어컨을 공급할 수도 있으나, 기내에 탑재된 연료를 소비해야 하고 공회전에 의한 환경문제를 고려해야 하기 때문에 대부분의 공항에서는 상대적으로 연료소모율이 적은 GPU(Ground Power Unit : 지상 전원공급 장비)를 최대한 활용하고 있다.

4) Landing Gear

Landing Gear는 비행기의 이착륙에 필요한 바퀴와 제동장치 그리고 충격흡수장치로 구성된다. 동체와 연결시켜 주는 축으로서 항공기의 균형 및 방향전환에 사용되는 전방 Nose 부분의 Nose

⬆ Nose Landing Gear & Main Landing Gear

Gear와 비행기의 이착륙 시 활주와 제동 그리고 충격흡수를 위한 항공기 중앙 부분의 Main Gear가 있다.

B747의 경우 Nose 1개조(2개), Main 4개조(16개)로 총 18개의 바퀴로 구성되어 있다.

5) 문(Door)

여객기의 경우 승객의 탑승 하기 시의 출입구 및 비상사태 발생 시 비상탈출

⬆ 여객기 Door
출처: 시사저널e

⬆ 화물기 Nose Door
출처: 대한항공 뉴스룸

구로 사용된다. 기종에 따라 좌우 4~5개씩, Upper Deck이 있는 경우 좌우 2개가 있으며, 각 문에는 Escape Slide가 접혀진 상태로 장착되어 비상시 사용할 수 있도록 되어 있다.

일반적으로 승객 탑승 시는 왼쪽 첫 번째, 두 번째 문을 사용한다. Cargo Compartment는 Forward Compartment, Aft Compartment, Bulk Door가 각 1개씩 있다.

화물기의 경우 Door는 화물선적을 위한 것으로서 Main Deck의 Nose Door, Side Door로 구성되어 있으며 Lower Deck은 여객기와 동일하다.

6) Logo/Mark

- Logo
  동체부분

- Mark
  수직 꼬리날개 중앙

⬆ 항공기의 등록번호

- 항공기 등록번호

항공기 소유자의 신청으로 자국의 항공기 등록 원부에 등록된 기호를 의미하며 항공기는 이 등록번호를 받지 않으면 사용할 수 없다. 받은 등록번호는 국제민간항공기구(ICAO)에서 정한 로마자 대문자인 국적기호 뒤에 4~5개의 아라비아숫자로 표시한다. 비행기의 경우 보통 주날개면과 꼬리날개면 또는 동체면에 일정한 규격으로 표시하는 동시에 내화성 재료로 만든 식별판에도 압각(押刻)하여 기체 출입구에서 잘 보이는 곳에 붙인다. 수직 꼬리날개 하단부, Main Wing 상단부분, Landing Gear에 표기된다.

> ✈ **항공기 등록번호**
>
> 예) B747 기종의 HL7458
> - HL : 국제민간항공기구(ICAO)에서 정해진 대한민국의 국적 기호로 대한민국에서 등록한 항공기의 등록번호는 HL로 시작한다. 참고로 중국은 'B', 일본은 'JA', 미국은 'N', 영국은 'G'의 등록기호를 사용한다.
> - 7 : 제트(터보팬)엔진을 장착한 여객기
> - 4 : 엔진 수를 뜻하나 최근에는 각 항공사별로 보유 항공기가 많아 일련번호가 포화상태가 되어 엔진 수와는 다른 숫자를 붙여 표기하기도 한다.
> - 58 : 동일한 엔진 수를 가진 기종끼리의 Serial No, 일련번호

3. 항공기의 내부구조

1) 여객기(Passenger Aircraft)

■ 조종실(Cockpit or Flight Deck)

운항승무원이 탑승하여 조종하는 곳으로, 항공기 맨 앞쪽에 위치하며 B747은 Upper Deck 객실의 최전방에 있다. 조종실 내부는 운항승무원 좌석, 비행 중 휴식을 위한 침대칸식 Bunk

🔼 조종실 내부

등이 장착되어 있다.

항공기술의 발전으로 인해 대부분의 항공기가 기장, 부기장의 2인 운항승무원 체제로 구성되며 조종실은 출입절차 강화 차원에서 조종실 내부에서 외부 출입을 규제하기 위해 출입문에 출입문 근처의 외부상황을 살필 수 있는 뷰파인더(View Finder) 및 코드화된 잠금장치가 장착되어 있다.

기내보안을 위해 반드시 해당 항공기 탑승승무원을 비롯한 출입이 허용된 자만이 규정에 의한 조종실 출입절차를 거쳐 출입할 수 있다.

■ 객실(Cabin)

항공기 객실은 항공기의 크기에 따라 비상구와 비상구 사이를 구분하여 구역(Zone)으로 나누며, 이 Zone에 따라서 객실승무원의 근무구역이 설정된다.

■ 화물실(Cargo Compartment)

승객의 위탁수하물, 우편물 및 일반 화물이 동체 아래칸 Lower Deck에 탑재된다. 탑승수속 시 승객이 부친 수하물을 단위탑재용기(Unit Load Device)를 이용하여 탑재함으로써 화물실 공간을 최대한 활용하고 있다.

 ULD(Unit Load Device)

항공기가 대형화되면서 지상조업에 소모되는 시간을 최소화하여 항공기의 가동률을 높이기 위한 목적에서 개발되었으며 Container, Pallet 등 항공사 간 협의에 따라 표준화된 규격과 모양이 정해져 있어 화물 인수인계 시 편리하게 되어 있다.

⬆ ULD로 화물기에 탑재되고 있는 모습

2) 화물기(Freighter)

승객을 태우지 않고 순수 화물만을 탑재하는 항공기를 말한다. Main Deck, Lower Deck 공히 화물탑재를 위한 공간으로 운영되며 B747 화물기는 Main Deck에 화물을 탑재할 수 있도록 Nose Door와 Side Door가 있다.

⬆ 화물기

항공기의 기내를 캐빈(Cabin) 또는 객실이라고 칭하며, 항공기의 객실은 기종에 따라 몇 개의 구역(Zone)으로 나눠진다. 이 구역은 일반적으로 비상시 사용하는 비상구(Exit Door)인 문(Door)과 문 사이를 두고 구분하며, 객실승무원의 근무구역을 설정하는 기준이 된다.

1. 대형기

대형기는 A380, B747, B777-300, B787, A350 등의 항공기를 말한다. 기종에 따라 비상구(Exit Door)가 항공기 양측에 각각 4~6개 있으며, 대형기의 객실구역은 앞쪽에서부터 차례로 A, B, C, D, E Zone으로 이루어져 있다.

B747, A380 항공기의 경우, A, B, C, D, E Zone을 비롯하여 객실 전방 A, B Zone 바로 윗부분에 2층으로 연결된 장소인 Upper Deck Zone이 있다.

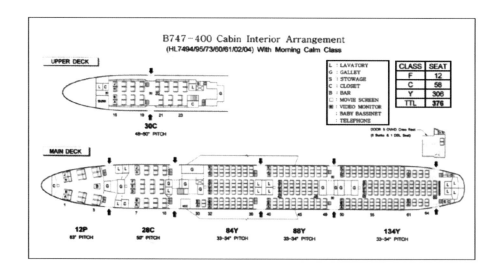

2. 중형기

중형기는 A300-600, A330, A340, B777-200, B767-300, B767-400 등의 항공기로, 비상구(Exit Door)가 항공기 양쪽에 각각 3~4개 있다. 중형기의 객실구역은 대형기와 마찬가지로 앞쪽에서부터 차례로 A, B, C, D Zone으로 이루어져 있다.

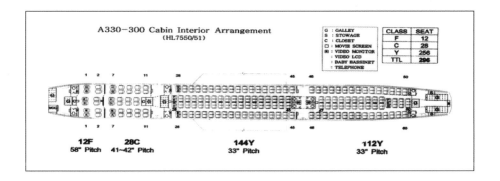

3. 소형기

소형기는 B737, A320, A321 및 기타 소형 항공기 등이 속한다. 비상구가 총 2~8개로서 객실의 구역을 나누기도 하고 항공기 전방(Forward), 후방(Aft)의 개념으로 근무구역을 설정하기도 한다.

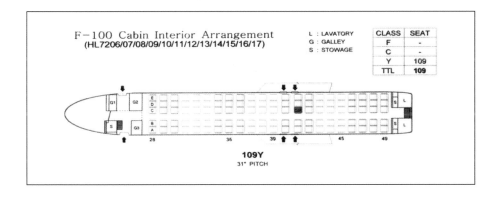

1. 좌석(Seat)

1) 승객 좌석

승객 좌석은 항공사별 특징에 따라 차이가 있으나, 대부분 일등석(First Class), 비즈니스석(Business Class), 일반석(Economy Class)으로 나뉜다. 또한 등급별로 다른 형태의 좌석을 배치하고 있고, 좌석과 좌석 간의 간격(Seat Pitch)도 다르다.

⬆ 일반석
출처: 대한항공 뉴스룸

⬆ 프레스티지석
출처: 대한항공 홈페이지

좌석은 Armrest, Footrest, Seatbelt, Tray Table, Seat Pocket 등으로 구성되어 있고, 모든 승객의 좌석 아래에는 비상착수 시 사용하는 구명복이 준비되어 있다.

2) 승무원 좌석(Jump Seat)

비상시 승무원의 역할 수행을 위해 각 비상구(Exit Door) 옆에 설치되어 있으며, 1~2명이 앉을 수 있도록 되어 있다. Jump Seat에 승무원 2명이 앉을 경우 Door Open의 일차적 책임은 Door 담당자에게 있다. 그리고 착석하지 않은 경우, 비상탈출에 대비해 자동적으로 접히도록 되어 있으므로 비상시 탈출에 방해가 되지 않도록 Seat Belt와 Shoulder Harness는 항상 Jump Seat 안쪽으로 정리해 놓아야 한다.

승무원 좌석 주변에는 객실 내 각 구역의 승무원 및 조종실의 운항승무원과 상호 간 연락을 취하고 필요할 때 기내 방송을 할 수 있는 인터폰과 산소마스크, 소화기 등 각종 비상장비가 장착되어 있다. 그 외, 일부 승무원좌석 주변에는 객실조명, Communication System, Pre-recorded Announcement, Boarding Music 등을 조절하는 장치가 있는 Attendant Panel이 있다.

⬆ 승무원 좌석(Jump Seat)

2. 선반(Overhead Bin)

승객 좌석의 머리 위쪽에 부착되어 있는 선반으로서 승객의 가벼운 짐이나 코트, 베개, 담요 등을 넣을 수 있는 공간을 말한다. B747, B777, A300 등의 뚜껑이 있는 것을 Stowage Bin이라 하며, B727 등처럼 뚜껑이 없는 것을 Hatrack이라 한다.

3. PSU(Passenger Service Unit)

승객이 비행 중 좌석에 앉아서 이용할 수 있는 독서등, 승무원 호출버튼, Air Ventilation, 좌석벨트/금연 표시등, 내장된 산소마스크 등이 있는 곳을 말하며, 좌석의 팔걸이 부분이나 머리 위 선반에 장착되어 있다.

⬆ 천장에 있는 PSU
출처: 항공위키

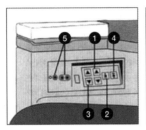
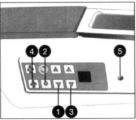

① Volume Control/음량조절
② Reading Light Switch/독서등
③ Channel Selector/채널선택
④ Attendant Call Button/호출버튼
⑤ Headset Jack/헤드폰잭

✈ **산소마스크(Oxygen Mask)**

기내 감압현상이 발생할 때(객실 고도 14,000ft 이상) 각 승객 좌석의 선반 속에서 자동으로 내려오도록 되어 있으며, 마스크(Mask)를 (당겨) 코와 입에 대면 산소가 공급된다.

4. 주방(Galley)

비행 중 승객에게 제공할 기내식과 음료를 저장 및 준비하는 곳으로서 Oven, Coffee Maker, Water Boiler 등의 시설을 갖추고 있다. 또 지상에서 탑재된 기내식 Cart와 음료 Cart, 서비스 물품 등을 각 Compartment 내에 보관할 수 있다.

5. 옷장(Coat Room)

Coat Room은 주로 비행기 전후방, 구석진 벽면 등을 이용하여 별도의 공간
이 칸막이식으로 마련된 곳으로서 Coat Room 안에는 승객의 외투나 짐, 기타
기내용품 등을 보관할 수 있다.

6. 통로(Aisle)

객실 내부에는 객실 앞뒤를 연결하고, 승무원이 승객에게 서비스를 제공하며
승객들이 통행할 수 있는 통로가 기종에 따라 1개 혹은 2개가 있으며, 이에 따라
항공기를 대, 중, 소형기로 구분할 수 있다. 통로가 1개인 항공기를 Narrow Body(B737,
A320 등), 2개인 항공기를 Wide Body(B747, B777, A330, A300 등)라고 한다.

⬆ Narrow Body

⬆ Wide Body

7. 화장실(Lavatory)

⬆ 기내 Lavatory

항공기 내의 화장실은 대부분의 항공사가 거의 동일한 형태로 운영되었으나 최근 들어 각 항공사별로 고급화 및 차별화 전략이 두드러지고 있는 추세이다.

기내화재 위험 방지를 위해 내부에 연기 감지용 Smoke Detector가 설치되어 있다. 최근 모든 항공사에서는 화장실 내에서뿐만 아니라 항공기 객실 내의 금연수칙을 강화하여 철저히 법으로 규제하고 있다.

✈ **기내 화장실의 오물 처리**

기내 화장실의 세면대에서 사용된 물은 기내 압력과 그보다 매우 낮은 외부 압력의 차이를 이용하여 항공기 외부로 배출된다.

항공기 내의 화장실 변기에서 사용된 오물 처리 방법은 Water Flushing Type과 Air Vacuum Type이 있으며, 구형기와 신형기가 다르다.

B747, A300, MD80, F100 등의 구형 항공기는 수세식 형태로 변기 아래 장착된 Tank에 모인 혼합물이 Filter를 거쳐 맑은 액체만 Motor가 뿜어주어 변기의 벽을 씻어주는 Flushing Type이며, B747-400, A300-600, MD11, B777, A330 등 신형 항공기의 경우, 항공기 맨 뒤쪽 객실 아래 화물칸 부분에 장착된 Tank에 기내 압력과 항공기 외부의 저압력인 Tank 압력 차를 이용하여 오물이 버려지게 되는 진공식(Vacuum Suction) 이다.

8. 벙크(Bunk)

장거리 비행 시 승무원이 교대로 쉴 수 있는 공간으로서, 6~8개의 침대가 있다. Crew Rest Bunk 가 장착되어 있는 기종은 B747, B77, B787, A350, A380 등이다.

B747-400, A350인 경우 항공기 후방 위층에, B777 이나 A380인 경우 항공기 중간 하단에 위치하고 있다.

항공 안전 · 보안 개요

3

항공안전업무의 이해

Chapter

3 항공안전업무의 이해

1. 항공안전의 정의

항공안전이란 항공기를 안전하게 운항하기 위하여 항공안전 계획을 수립하고, 잠재적 위험관리, 안전증진 활동을 통하여 항공사고를 미연에 방지하며, 만일의 사고에 대비하여 비상대응 활동과 재발방지 대책을 강구하고 지속적인 안전관리를 수행하는 일이다. [ICAO 홈페이지에서 일부 발췌]

2. 항공안전 정책과 절차

1) 항공안전법

(1) 제정

「항공안전법」은 1961년에 제정된 「항공법」이 2016년 「항공사업법」, 「공항

시설법」, 「항공안전법」으로 분법되면서 항공기 등록, 항공기 운항, 항공기 종사자 자격 및 교육, 안전성 인증 및 안전관리, 공역 및 항공교통 업무 등 항공안전에 관한 내용을 규정하고 있다.

(2) 목적

「항공안전법」 제1조에서 "「국제민간항공협약」 및 같은 협약의 부속서에서 채택된 "표준과 권고되는 방식"에 따라 항공기, 경량항공기 또는 초경량비행장치의 안전하고 효율적인 항행을 위한 방법과 국가, 항공사업자 및 항공종사자 등의 의무 등에 관한 사항을 목적으로 한다."라고 규정하고 있듯이 이 법은 국제 항공법규 준수 성격이 강하여 국제기준 변경 등 국제 환경 변화가 있을 때마다 이를 반영하기 위하여 개정 작업이 이루어지고 있다.

(3) 구성

국내 항공법의 기본으로서 총칙, 항공기 등록, 항공기 기술기준 및 형식증명, 항공종사자, 항공기의 운항, 공역 및 항공교통 업무, 항공운송 사업자 등에 대한 안전관리, 외국 항공기, 경량 항공기, 초경량 비행장치, 보칙, 벌칙 등 12장으로 구성되어 있다. 「항공안전법」의 장별 주요 내용은 다음과 같다.

⬇ 항공안전법 주요 내용(2024.1.16)

제1장 총칙	항공안전법의 목적과 개념, 항공용어의 정의, 군용항공기와 국가기관항공기등의 적용특례, 임대차 항공기 운영, 항공안전정책 기본계획의 수립 등
제2장 항공기 등록	항공기 등록, 국적의 취득, 등록기호표의 부착 및 항공기 국적 등의 표시 등
제3장 항공기기술기준 및 형식증명 등	항공기 기술기준, 형식증명, 제작증명, 감항증명 및 감항성 유지, 소음기준적합증명, 수리·개조승인, 항공기 등의 검사 및 정비 등의 확인, 항공기 등에 발생한 고장, 결함 또는 기능장애 보고 의무 등
제4장 항공종사자 등	항공종사자 자격증명시험, 항공기승무원 신체검사, 계기비행증명 및 조종교육증명, 항공영어구술능력증명, 항공기의 조종연습, 항공교통관제연습, 전문교육기관의 지정, 항공전문의사 지정 등

제5장 항공기의 운항	무선설비의 설치·운용 의무, 항공계기 등의 설치·탑재 및 운용, 항공기의 연료 및 등불, 운항승무원의 비행경험, 승무원 피로관리, 주류 등의 섭취·사용 제한, 항공안전프로그램, 항공안전 의무보고 및 자율보고, 기장의 권한 및 운항 자격, 위험물 운송, 전자기기의 사용제한, 회항시간 연장운항의 승인, 수직분리 축소공역 등에서의 항공기 운항 승인, 항공기의 안전운항을 위한 운항기술기준 등
제6장 항공교통관리 등	국가항행계획의 수립, 시행 공역 등의 지정 및 관리, 항공교통업무, 수색·구조 지원계획의 수립·시행, 항공정보의 제공 등
제7장 항공운송사업자 등에 대한 안전관리	항공운송사업자, 항공기사용사업자 및 정비업자에 대한 안전관리 등
제8장 외국항공기	외국항공기 항행, 외국항공기 국내사용, 외국인 국제항공운송사업 등
제9장 경량항공기	경량항공기 안전성인증, 경량항공기 조종사 자격증명, 경량항공기 전문교육기 관의 지정 등
제10장 초경량비행장치	초경량비행장치 신고, 안전성인증, 조종자증명, 비행승인 등
제11장 보칙	항공안전 활동, 항공운송 사업자에 관한 안전도 정보의 공개, 보고의 의무, 재정 지원, 권한의 위임/위탁, 청문, 수수료 등
제12장 벌칙	항행 중 및 항공상 위험 발생 등의 죄 등의 벌칙과 양벌규정 및 과태료 등

2) 운항기술기준

국토교통부 장관은 항공기 안전운항을 확보하기 위하여 「항공안전법」과 국제민간항공협약 및 같은 협약 부속서에서 정한 범위에서 자격증명, 항공훈련기관, 항공기 등록 및 등록부호 표시, 항공기 감항성, 정비조직인증기준, 항공기 계기 및 장비, 항공기 운항, 항공운송사업의 운항증명 및 관리 등 안전운항을 위하여 필요한 사항을 운항기술기준으로 정하도록(「항공안전법」 제77조 제1항) 고시하였고, 소유자 및 항공종사자는 이에 따른 운항기술기준을 준수(「항공안전법」 제77조 제2항)해야 한다고 규정하였다.

운항기술기준은 '고정익항공기를 위한 운항기술기준'과 '회전익항공기를 위한 운항기술기준'으로 구분되어 있으며, 항공사는 국토부에서 제정한 운항기술기준을 기준으로 모든 요건을 충족하여 운영해야 한다.

1. 항공안전평가

항공안전평가란? 국제민간항공협약(1944, 또는 시카고협약)의 체약국이 협약의 부속서에서 정한 안전관련 표준 및 권고사항(SARPs: Standards and Recommended Practices)을 효율적으로 이행하는 것을 보장하는 것이다. 항공안전평가는 체약국이 ICAO SARPs 및 관련 절차들을 이행하는 데 필요한 후속조치의 자문과 기술적 지원을 제공하고자 한다.

2. 항공안전평가 프로그램

1) ICAO의 항공안전평가 프로그램(USOAP)

1998년 9월에 개최된 제32차 ICAO 총회에서 의결된 항공안전평가프로그램 (USOAP : Universal Safety Oversight Audit Program)은 전 세계에서 발생되는 항공기 사고를 예방하기 위하여 ICAO가 각 국가의 항공 안전감독의무 이행 실태를 직접 평가하는 프로그램이다. ICAO는 1999~2004년 모든 국가의 항공안전감독 의무 이행 실태를 평가하였고, 평가 결과를 근거로 하여 제35차 ICAO 총회 시 평가대상을 시카고협약 전 부속서로 확대하는 종합평가(USOAP CSA: Comprehensive Systems Approach)로 변경할 것을 의결하여 각 체약국이 이를 준수하도록 하고 있다. 2013년부터 항공안전상시평가(USOAP CMA) 제도를 두고 있다.

2) FAA의 항공안전평가 IASA(International Aviation Safety Assessment)

1990년 8월 콜롬비아의 아비앙카 항공사 항공기 사고[2] 이후, 1992년 미국은 미국에 취항하는 국가의 항공당국의 안전감독능력을 평가하는 IASA 프로그램을 설치하여 운영하고 있다. 평가 기준은 항공당국의 조직 및 감독기능, 기술지침, 기술직 공무원의 자격, 항공사 등에 대한 증명발급 및 안전감독체계 등 안전관리를 위한 각종 지도나 종사자에 대한 자격요건, 교육훈련 등이다. 평가결과 해당국가의 항공안전평가기준이 ICAO의 안전기준에 충족하면 1등급(Category 1)을 부여하고 안전상의 결함이 있다고 판단되면 항공안전 2등급(Category 2)으로 분류하여 해당 국가에 속해 있는 모든 항공사에게 운항 제한 및 신규 운항허가 불허 등의 실질적인 항공운항 제재를 가하고 있다.

3) 유럽의 항공안전평가(SAFA: Safety Assessment of Foreign Aircraft)

유럽 내 SAFA 참가국을 운항하는 제3국의 항공기(TCA: Third Country Aircraft)를 점검하는 항공안전평가 프로그램으로 안전기준에 미달하는 국가 및 해당 항공사(또는 해당 기종)를 블랙리스트로 선정한다. 점검 결과를 Annex A, Annex B로 구분하여 운항 허가 중지 또는 제한하는 제재를 가하고 있다.

3. 항공사의 안전관리시스템(SMS)

1) 안전관리시스템(SMS)의 개념

안전관리시스템(Safety Management System)이란 항공사 안전을 위한 기본적인 운영체계로 지속적인 위해요인 발굴 및 리스크관리를 통하여 손실을 수용 가능한 수준 이하로 유지하는 상태를 말한다.(Doc.9859)

---

2) 1990년 1월 25일, 콜롬비아 보고타를 출발하여 메데인을 경유 후 뉴욕으로 향하던 아비앙카 052편이 연료 부족으로 미국 롱아일랜드 코우브 넥 마을에 추락했다. 이 사고로 승무원 9명 중 8명, 승객 149명 중 65명이 사망했다. 항공사는 콜롬비아 국적의 아비앙카 항공, 기종은 보잉 707. 사고 이후 아비앙카 항공은 사고 원인을 관제 소홀로 보고 FAA에 소송하였으나 미국 정부와 아비앙카 항공 간에 합의가 이루어져 보상금의 비율을 4:6(미국정부 : 아비앙카 항공)으로 정하였다.

> ### ✈ 위해요인(Hazard)
>
> 안전하지 않은 이벤트 또는 장애를 유발하는 조건 또는 상황, 항공기의 중대한 결함 또는 사고를 유발하거나 기여할 잠재성이 있는 상태 또는 물체, 항공기 사고를 일으킬 가능성이 있는 조건을 의미한다.
>
> ### 리스크(Risk)
>
> 위해요인으로 야기될 수 있는 최악의 상황을 고려하여 예측한 잠재적 결과(Consequence)를 발생가능성(Probability)과 심각도(Severity)로 측정한 것이다.

2) 안전관리시스템(SMS)의 구성요소

(1) 안전정책과 목표

- 경영자의 의지(Management Commitment)
- 안전책임(Safety Accountabilities and Responsibilities)
- 주요 안전보직자의 임명(Appointment of Key Safety Personnel)
- 비상대응계획의 조직화(Coordination of Emergency Response Planning)
- 안전관리시스템의 문서화(SMS Documentation)

(2) 리스크 관리(Satefy Risk Management)

리스크 관리란, 조직을 위협하는 리스크를 파악하고 분석하여 수용가능한 수준으로 제거 또는 경감시키는 것으로 위해요인을 식별하여 리스크 평가와 감소를 위한 프로세스를 유지하고 발전시켜야 한다. 위해요인을 식별(Hazard Identification)하기 위하여는 예측(predictive), 예방(proactive), 사후대책(reactive) 등 복합적인 방법을 통한 데이터 수집이 기본이 된다.

(3) 안전보증(Safety Assurance)

안전보증은 안전관리시스템이 국내외 규정과 요구조건에 부합되어 운영되는지 검증하는 것이다. 항공사는 안전성과에 대한 모니터링 및 측정을 통하여 조직의 안전성과 및 리스크 관리의 유효성 확인을 위한 방법을 유지하고 발전시켜야 한다. 안전성과지표, 안전성과목표 달성 여부에 따라 안전성과를 입증하고 안전심사를 통한 안전보증 활동도 이에 포함되어야 한다.

안전에 영향을 줄 수 있는 변화와 변화로 인해 발생할 수 있는 리스크를 식별하고 관리할 수 있는 프로세스를 갖추는 변화 관리 및 안전관리시스템의 성과가 지속적으로 발전될 수 있도록 유효성을 모니터링하고 평가하여야 한다.

(4) 안전증진(Safety Promotion)

안전증진은 조직의 안전문화 정착과 안전목표 달성을 위한 환경을 조성하는 활동이다. 조직의 안전은 훈련과 교육, 안전정보 활용을 통해 증진되므로 안전관리시스템에서 부여한 업무를 수행 가능하도록 훈련프로그램을 개발하고 유지해야 하며, 범위는 조직구성원 개개인에 적합해야 한다. 모든 직원이 직급에 맞는 안전관리시스템을 이해할 수 있도록 하고 모든 회사 구성원에게 중요한 안전정보를 전달한다.

CHAPTER

항공보안업무의 이해

Chapter

4 항공보안업무의 이해

제1절 | 항공보안의 배경과 정의

1. 항공보안의 배경

항공보안의 개념은 항공기 납치, 테러, 폭발 등 항공기를 무기로 사용하거나 항공기 내에서 일어나는 여러 형태의 항공범죄행위를 예방 및 방지하고자 하는 목적으로 탄생하였다. 1970~80년대에는 국제 테러조직이 전 세계적으로 확산되면서 반제국주의 테러 형태로 나타났으며 유럽, 아랍, 중남미, 동남아 등으로 확산되었다.

1972년에는 미국에서 항공사와 공항에 대한 항공보안계획을 수립하여 "항공법령"을 제정하였고, 1973년 11월 6일부터 항공기 탑승객과 휴대품에 대한 보안검색이 법적으로 의무화되면서 항공테러 행위가 감소하기 시작했다.

로커비사건, 9 · 11테러, 이슬람세력에 의한 종교 테러 등 국제적 테러와 더불어 국내에서도 북한 공작원에 의한 다양한 항공기 납치 사건, 항공기 폭발사고, 공항에서의 폭발사고 등 다양한 항공보안사고 사례가 있다.

특히, 2001년 9월 11일 미국에서 발생한 9 · 11테러사건을 계기로 전 세계적으로 민간항공의 안전을 확보하기 위하여 항공기 탑승객과 공항에서의 보안검색이 대폭 강화되었고, 항공보안의 관련법과 체제 및 조직을 대폭 정비하게 되었다. 우리나라도 분단국가라는 특수성하에 항공보안의 중요성을 인식하고 현재 「항공보안법」의 시초이자 기존에 제정된 「항공기 운항안전법」(1974.12.26. 제정)을 「항공안전 및 보안에 관한 법률」로 개정(2002.8.26. 개정)하는 계기가 되었다.

2. 항공보안의 정의

국제민간항공협약 부속서 17(Security)에서의 항공보안이란 "민간항공의 안전을 유지하기 위하여 인명 및 재산의 안전에 위해를 가하거나 항공업무를 수행하는데 중대한 영향을 미치는 불법방해행위(unlawful Interference)로부터 승객, 승무원, 지상요원, 일반인과 민간항공업무에 사용되는 항공기 및 공항시설 그리고 기타 시설들을 보호하는 것"으로 정의하고 있다.

✈ 불법방해행위(Unlawful Interference)

항공기의 안전운항을 저해할 우려가 있거나 운항을 불가능하게 하는 행위로 다음 행위를 말한다.

- 지상에 있거나 운항 중인 항공기를 납치하거나 납치를 시도하는 행위
- 항공기 또는 공항에서 사람을 인질로 삼는 행위
- 항공기, 공항 및 항행안전시설을 파괴하거나 손상시키는 행위
- 항공기, 항행안전시설 및 공항 보호구역(이하 "보호구역"이라 한다)에 무단 침입하거나 운영을 방해하는 행위
- 범죄의 목적으로 항공기 또는 보호구역 내로 무기 등 위해물품(危害物品)을 반입하는 행위
- 지상에 있거나 운항 중인 항공기의 안전을 위협하는 거짓 정보를 제공하는 행위 또는 공항 및 공항시설 내에 있는 승객, 승무원, 지상근무자의 안전을 위협하는 거짓 정보를 제공하는 행위
- 사람을 사상(死傷)에 이르게 하거나 재산 또는 환경에 심각한 손상을 입힐 목적으로 항공기를 이용하는 행위

– 「항공보안법」 제2조 제8호

---

1. 국제협약

1) 국제민간항공협약 부속서 17(Security)

1974년 ICAO 이사회에서 채택된 ICAO 부속서 17(Security)은 항공기 탑승 승객, 휴대물품 및 위탁수하물 검색방법, 검색주체, 위해물품 휴대 금지 등의 전반적인 항공보안에 관한 사항을 규정하고 있다.

2) 동경협약(1963)

동경협약은 항공범죄를 규율하기 위한 최초의 국제협약으로 정식 명칭은 "항공기 내에서 범한 범죄 및 기타 행위에 관한 협약"이다. 비행 중 기내의 범죄 행위에 대한 기장의 권리와 의무를 명확히 하고 항공기 등록국에게 형사 관할권을 부여하였다.

3) 헤이그협약(1970)

헤이그협약은 "항공기의 불법 납치 억제를 위한 협약"으로 비행 중(in flight) 항공기에서 불법적으로 또는 무력으로 항공기를 납치하거나 기도한 자 또는 공범자를 범죄로 규정함으로써 하이재킹 처벌 근거를 마련하였다.

4) 몬트리올협약(1971)

몬트리올협약은 "민간항공의 안전에 대한 불법적 행위의 억제를 위한 협약"으로 범죄 적용 범위를 확대하고 항공기 파괴, 탑승자 폭행, 안전저해행위 등을 규율하였다.

5) 몬트리올의정서(1988)

몬트리올의정서는 "국제민간항공의 공항에서의 불법적 행위방지에 관한 의정서"로 국제공항에서의 폭력행사 행위와 파괴행위를 범죄행위에 포함하였다.

6) 플라스틱 폭발물 표지협약(1991)

1987년 11월 29일 대한항공 858편(B707) 미얀마 인접 상공 폭발사건, 1988년 12월 21일 vosdka103편(B747) 영국 스코틀랜드 로커비 상공 폭발사건을 계기로 플라스틱 폭약의 탐지 어려움을 방지하기 위하여 플라스틱 폭약 탐지가 가능하도록 플라스틱 폭약에 표지(marking)를 의무화하였다.

7) 북경협약(2010)

북경협약은 "국제민간항공에 관한 불법행위 억제를 위한 협약"으로 1971년 몬트리올협약과 1988년 몬트리올의정서를 개정한 조약이다. 운항하는 항공기를 이용한 범죄나 생물학·화학·핵무기(BCN) 투하 및 사상을 목적으로 하는 불법 항공운송 등을 범죄에 포함하였다. 기존 4개 관할권 외에 3개의 관할권이 확대되었고, 생물학·화학·핵무기에 대한 금지 및 운항항공기를 이용한 범죄 등을 추가함으로써 9·11테러와 같은 항공기를 무기로 이용한 테러행위도 규율대상이 되었다.

8) 북경의정서(2010)

북경의정서는 1971년 헤이그의정서를 개정한 의정서로 "항공기의 불법 납치 억제를 위한 협약 보충의정서"이다. 헤이그협약 대비 범죄의 구성요소를 확대하고 헤이그협약 및 몬트리올협약상의 관할권 이외에 관할권(자국영토상 범죄, 자국민에 의한 범죄, 자국민 피해 범죄, 무국적자 범죄일 경우 동 무국적자 상주국)이 추가되었다.

9) 몬트리올의정서(2014)

몬트리올의정서는 1963년 동경협약을 개정한 의정서로 "항공기 내에서 행하여진 범죄 및 기타 행위에 관한 협약에 관한 개정 의정서"이다. 비행 중(in flight)의 정의를 통일하고 재판관할권을 착륙국 및 운영국으로 확대하였다.

2. 항공보안법

1)「항공보안법」제정

항공보안에 관한 동경협약, 헤이그협약, 몬트리올협약의 채택 이후 많은 국가들은 항공기 보안 문제에 대한 중요성을 인식하고 별도의 국내법을 제정하였다.

우리나라도 1974년 12월 26일 법률 제2742호로「항공기운항안전법」을 제정하였으나, 몬트리올 협약상의 범죄가 누락되는 등 미흡한 점이 많아 2002년 8월 26일 전면 개정되어 법률 제6734호「항공안전 및 보안에 관한 법률」로 제정되었다. 2013년 4월 5일 법률 제11753호로 이 법의 명칭을 다시「항공보안법」으로 변경하고 항공보안에 관한 사항을 전반적으로 정비하였다. 이 법의 명칭을「항공보안법」으로 변경한 이유는 항공안전에 관한 사항은 당시의「항공법」에 총괄적으로 규정되어 있어 이 법에서 항공안전에 관한 사항을 별도로 규정할 이유가 없기 때문이었다.

우리나라의「항공보안법」은 국제민간항공 협약 및 1963년 항공기 내에서 범한 범죄 및 기타 행위에 관한 협약(동경협약), 1970년 항공기의 불법납치 억제를 위한 협약(헤이그협약), 1971년 민간항공의 안전에 대한 불법적 행위의 억제를 위한 협약(몬트리올협약), 1988년 민간항공의 안전에 대한 불법적 행위의 억제를 위한 협약을 보충하는 국제 민간항공에 사용되는 공항에서의 불법적 폭력 행위의 억제를 위한 의정서(몬트리올의정서), 1991년 플라스틱 폭약의 탐지를

위한 식별조치에 관한 협약 등 항공범죄 관련 국제 협약(플라스틱 폭발물 표지협약)
에서 정한 기준을 준거하여 규정하고 있다.

2) 「항공보안법」의 주요 내용

「항공보안법」은 총 8장으로 구성되어 있으며 주요 내용으로는 항공보안협
의회 구성 및 운영 등에 관한 사항, 국가항공보안계획의 수립에 관한 사항,
공항운영자 등의 자체 보안계획의 수립에 관한 사항, 공항시설, 보호구역, 승객
의 검색 등 보안에 관한 사항, 무기 등 위해물품의 휴대금지, 보안장비, 교육훈
련 등에 관한 사항, 항공보안을 위협하는 정보의 제공, 우발계획 수립, 항공보
안감독, 항공보안 자율신고 등에 관한 사항, 항공기이용 피해구제, 권한위임
등에 관한 사항을 규정하고 있다.

⬇ 항공보안법 주요 내용

제1장 총칙	항공보안법의 목적, 용어의 정의, 국제협약의 준수, 국가의 책무 등
제2장 항공보안협의회	항공보안협의회, 항공보안 기본계획, 국가항공보안계획 등의 수립 등
제3장 공항·항공기 등의 보안	공항시설 등의 보안, 공항시설 보호구역의 지정, 보호구역에의 출입허가, 승객의 안전 및 항공기의 보안, 생체정보를 활용한 본인 일치 여부 확인, 승객 등의 검색, 승객이 아닌 사람 등에 대한 검색, 상용화주 지정취소, 기내식 등의 통제 등
제4장 항공기 내의 보안	위해물품 휴대 금지, 기장의 권한, 승객의 협조의무, 수감 중인 사람 등의 호송, 범인의 인도·인수 등
제5장 항공보안장비 등	항공보안장비 성능인증 및 시험기관, 교육훈련, 검색기록의 유지 등
제6장 항공보안 위협에 대한 대응	항공보안을 위협하는 정보의 제공, 국가항공보안 우발계획 등의 수립, 보안조치, 항공보안 감독, 항공보안 자율신고 등
제7장 보칙	재정지원, 감독, 항공보안정보체계의 구축, 벌칙적용에서의 공무원 의제 등
제8장 벌칙	항공기 파손죄, 항공기 납치죄, 항공시설 파손죄, 항공기항로 변경죄, 직무집행 방해죄, 위험물건 탑재죄, 공항운영 방해죄, 항공기 내 폭행죄, 항공기 점거 및 농성죄, 운항 방해정보 제공죄, 양벌규정, 과태료 등

3. 국가항공보안계획

「항공보안법」 제10조 및 동법 시행규칙 제3조의2에 의거하여 국가는 국가항공보안계획을 수립·시행해야 하고, 항공운송사업자(항공사)와 공항운영자(공항공사) 등은 국가항공보안계획에 따라 자체 보안계획을 수립하여 정부의 승인을 받아야 한다.

불법방해행위로부터 승객·승무원·항공기 및 공항시설 등을 보호하기 위한 대책을 수립함으로써 대한민국 안에서 민간항공의 안전성, 정시성, 효율성을 확보하는 항공보안을 유지하는 데 그 목적이 있다. 국가항공보안계획은 체약국이 항공기 안전, 승객·승무원 안전, 공항·항행시설 보호, 공항 근무 직원·방문자 보호 및 위협에 대한 대응 등 민간한공의 불법방해행위 방지를 위한 지원을 요청할 경우 이에 관한 사항을 정하고, 국제민간항공협약 부속서 및 지침서상의 보안 관련 규정, 국제협약에 따른 민간항공의 안전을 확보하기 위한 기준·절차·의무사항을 규정하고 있다.

현재 국가항공보안계획은 5년을 주기로 제1차(2012~2016), 제2차(2017~2021)에 이어 제3차(2022~2026) 국가항공보안계획이 수립되어 있다.

1. 항공보안등급이란?

국가는 민간항공을 대상으로 하는 항공테러 등 불법행위를 사전에 차단하고 위협 등급별 대응체계를 구축하였다. 국가항공보안 우발계획 제6조에 의거하여 민간항공 위협정도에 따라 5단계로 발령·운영되고 있으며 등급 상향에 따라 보안 조치사항을 강화한다.

ICAO는 항공테러 등 예측이 어려운 불법행위로부터 민간항공을 효과적으로 보호하기 위하여 우발계획(Contigency Plans)을 수립할 것을 의무화하고 있으며 미국, 영국, 중국 및 일본 등 대부분의 국가도 보안등급을 3~5단계로 구분하고 등급별 차등적인 보안강화 조치사항을 이행하고 있다.

⬆ 국가 항공보안등급

2. 항공보안등급에 따른 객실 보안 조치사항

1) 평시단계: 일반적인 상황(Green)

- 항공기 비인가자 출입통제
- 항공기내 보안장비 점검 철저
- 항공기 출입문에서 탑승권 확인 실시
- 운항 전 기내 보안검색 실시

• 운항 전, 운항 중 조종실 출입통제 절차준수

2) Ⅰ단계: 준경계상황(Blue)

• Meal Cart 기용품, 보세용품 등 탑재 시 육안검색 실시(Sealing 파손여부)
• 도착지 및 경유지 공항 손님 하기 후 승무원에 의한 운항 후 기내보안점검실시

3) Ⅱ단계: 경계상황(Yellow)

• 승무원 BAG 관리 철저, 방치금지
• 항공기에 출입하는 조업직원에 대해 보호구역 출입증 확인
• 운항 중 기내순찰 및 승객동향 파악강화(매 30분)
• 운항 전 보안 브리핑 실시
• 항공기내 가스 분사기 관리철저 및 신속 대응태세유지

4) Ⅲ단계: 비상상황(Orange)

• 기내청소 조업직원 감독 실시
• 테러위협이 높다고 판단되는 노선에 남승무원 1명 이상 의무탑승
• 해외지역 체류 시 현지 공항지점과 비상연락망 유지

5) Ⅳ단계: 비상상황(Red)

• 국제선 전 노선에 남승무원 1명 이상 의무탑승 실시
• 남승무원 가스분사기 휴대실시
• 이륙 후 30분, 착륙 전 30분간 손님 이석 금지(국내선 20분)
• 조종실 쪽 화장실 사용금지
• 전 노선에 대한 운항 전 철저한 기내수색 실시
• 모든 Meal/음료 Cart, 서비스 용품, 보세품 등 Seal상태 및 number 일치
  여부 육안검색 실시 및 Cart당 최소 25% tray 꺼내어 검색
• 해외지역 체류 시 개별적인 호텔 외출 금지

1. 항공기내보안요원 제도 설립 배경

2008년 4월 18일 한국-미국은 '비자면제프로그램(VWP) 및 보안강화조치 관련 한·미 양해각서(MOU)'를 체결하였다. 비자면제협정 체결의 보안요건 이행 사항 중 항공기내보안요원 탑승이 포함되어 있었고, 그 이후로 항공운송사업자가 선발하여 국토교통부의 승인을 받은 항공기내보안요원이 항공기내에서의 보안업무를 담당하고 있다.

2. 기내보안요원의 자격 요건

기내보안요원은 항공운송사업자가 기내의 불법방해행위를 방지하는 직무를 위하여 '지명'하도록 규정하고 있다.(항공운송사업자의 항공기내보안요원 등 운영지침 제5조)

기내보안요원은 2년 이상의 선임 객실승무원 또는 객실승무원 경력을 갖춘 자로서 정신적으로 안정되고 성숙된 자여야 하며, 연령 및 성별을 고려하여 항공운송사업자가 선발한다. 그러나 최종적인 기내보안에 관한 판단과 책임의 권한은 기장에게 있다.

3. 기내보안요원의 임무와 권한

- 승객 탑승 전 항공기 객실 내 보안점검 및 수색
- 최초 출발 공항 또는 중간 경유지 공항에서 항공기에 탑승하는 승객 또는

재탑승하는 승객과 휴대 수하물에 대하여 의심스러운 경우 수색 및 점검

- 운항 중 항공기 객실 내 보안 순찰
- 운항 중 및 경유지에 있는 동안의 객실 내 보안감독
- 항공기 불법 점거 또는 파괴행위 제지
- 객실 내 폭발의심물체가 발견된 경우 최소위험폭발물위치 사용절차에 따른 수행
- 불법방해행위 발생 시 녹화 실시 및 불법방해행위 승객 도착지 공항에서의 경찰관서에 인도 등

위 임무 이외에도 기내보안요원은 기타 승객의 안전 및 항공기 보안에 필요한 사항을 포함하여 임무를 수행한다.

항공보안 평가제도(USAP-Universal Security Audit Programme: 항공보안 분야 국제기준 이행실태 종합평가)

1. 항공보안 평가제도 배경 및 목적

ICAO는 9·11테러 이후 민간항공에 대한 테러 방지를 위하여 체약국에 대한 항공보안평가(USAP)를 시행하기로 결의하였다. ICAO와 평가국 간의 MOU 를 체결한 후 ICAO 평가관이 직접 방문하여 국제기준 이행실태를 종합적(서류, 규정, 현장평가 등)으로 평가하는 제도로 시작되었으나 2015년부터 USAP-CMA (Continuous Monitoring Approach)방식으로 전환되어 회원국의 항공보안 성과에 대한 지속적인 감사 및 모니터링을 통하여 글로벌 항공보안을 촉진하고 회원국 의 항공보안 준수 및 감독 능력을 향상시키고자 하는 목적으로 시행되고 있다.

2. 평가 내용

USAP-CMA를 통하여 ICAO는 항공보안감독 시스템의 중요 요소의 이행 수 준, 부속서 17(Security) 및 부속서 9(Facilitation)의 보안 관련 표준(Standards)의 준수 정도, 관련 절차, 지침 자료 및 보안관련 관행(Recommended Practices)을 포함하여 회원국의 항공보안 이행에 대한 데이터를 정기적, 지속적으로 획득 하고 분석한다.

다시 말해서 첫째, 회원국의 전반적인 항공보안 이행의 결함을 확인하고 그와 관련된 위험(Risk)을 평가한다. 둘째, 회원국이 확인된 결함을 해결할 수 있도록 우선적인 권고사항을 제공한다. 셋째, 회원국이 취한 시정조치에 대한 평가 및 검증을 통하여 회원국의 항공보안성과에 관한 전반적인 수준을 재평 가하고 있다.

PART

III

객실승무원의 일상
항공 안전 · 보안 업무

CHAPTER

객실승무원의 임무와 체계

Chapter

5 객실승무원의 임무와 체계

객실승무원의 임무와 책임

1. 객실승무원의 정의와 책임

「항공안전법」제2조 제17호에서 말하는 객실승무원은 항공기에 탑승하여 비상시 승객을 탈출시키는 등 안전업무를 수행하는 사람으로서, 승객을 목적 지까지 안전하고 쾌적하게 운송하여야 하는 책임과 운송 중 승객의 요구를 충족시켜 편안한 여행이 될 수 있도록 할 의무가 있다.

항공기 객실승무원은 항공기 안전운항을 위하여 기장을 보좌하며 비상사태 시 비상탈출에 관한 임무를, 응급환자 발생 시 응급처치를, 항공기내불법방해 행위 시 기내보안요원으로서의 역할도 수행하는 등 승객의 안전과 보안에 관 한 업무를 수행하고 책임을 진다.

🛩 최초의 객실승무원은?

원래 여객기의 객실에서 승객에 대한 서비스를 전담하는 객실승무원은 없었으며, 부조종사가 승객에게 간단한 음료서비스 등을 담당했었다. 그러나 여객기의 발달과 함께 탑승객의 수가 증가하면서 객실전용 승무원의 탑승제도가 도입되었고, 1928년 독일의 루프트한자 항공사가 가장 먼저 남승무원을 탑승시켰다. 당시 객실승무원을 'Flight Attendant'라고 불렀으며, 이때부터 여객기에 조종요원과 객실요원의 역할이 구분되었다.

여승무원인 스튜어디스(Stewardess)의 시초는 이후 2년 뒤인 1930년 미국의 보잉에어트랜스포트회사(BAT, Boeing Air Transport, 현 유나이티드항공)에서 엘렌 처치(Ellen Church)라는 25세의 간호사를 채용하면서부터이다.

그녀는 곡예비행을 하는 파일럿이 되는 것이 꿈이었는데 당시는 여성이 파일럿이 될 수 있는 시대가 아니었고, 또한 대부분 상류사회의 저명인사들인 승객을 돌보는 일도 여객선에서나 비행기에서나 모두 남자(Steward)들의 몫이었다. 그러나 그녀는 객실 (Cabin)에서 일하고 싶다며 항공사에 몇 번이나 문을 두드렸고 특히 간호사는 병약한 승객들에게 반드시 훌륭한 서비스를 제공할 수 있을 것이라고 적극적으로 회사를 설득하여 채용되었다. 그리하여 엘렌 처치는 자신을 포함해 다른 7명의 여성을 모아, 사상 최초로 8명의 스튜어디스를 탄생시켰다. 그 당시 호칭은 '에어 호스티스(Air Hostess)' 또는 '에어 걸(Air Girl)'이라고 불렀다.

그녀들은 샌프란시스코와 시카고 사이의 정기편인 대륙 횡단 편에 탑승했는데, 비행기는 DC3, 12인승 복엽기(複葉機)로 도중에 급유 또는 식사를 위해 12회나 중간 기착하면서 20시간이나 걸리는 장거리 코스였다. 때로는 논밭에 불시착하는 일이 벌어져서 다치는 승객이 발생하기도 했는데, 이들 간호사 스튜어디스들의 활약으로 인해 승객들에겐 최고의 서비스를 제공하게 되었다. 곧 승객들은 이들의 서비스에 호평을 보내게 되고 보잉사는 이 제도를 본격적으로 도입하게 되었다.

그리고 불과 2년이 채 지나지 않아 당시 미국 내 20여 개 항공사가 모두 경쟁적으로 여성 객실승무원 제도를 채택하였다. 이는 바로 유럽에 영향을 미쳐 에어프랑스(AF)의 전신인 파아망항공사(Farman Airlines)가 국제선에 스튜어디스를 탑승시키는 것을 시작으로, 1934년 스위스항공이, 이듬해엔 네덜란드의 KLM이, 그리고 1938년엔 당시 유럽 최대 항공사였던 루프트한자가 이 제도를 운용함으로써 유럽 전역에도 여승무원들의 활약이 시작되었다.

당시 BAT사는 '간호사 자격을 갖고, 성격이 원만하고 교양이 있으며, 키가 5피트 4인치 (162cm) 이하, 몸무게 118파운드(51.189kg) 이하, 나이 20~26세 이하의 독신여성'이라는 조건을 붙였는데, 이는 당시 비행기의 객실이 좁고 천장이 낮은 데서 연유하는 것으로 보인다. 또 당시에는 스튜어디스가 탑승수속 업무까지 담당했으며, 승객의 몸무게와 수하물의 무게를 측량하는 일을 했다.

그러므로 항공사 구성원 중 다수를 차지하고 있는 객실승무원의 역할은 더욱 커지고 있으며, 이들은 국내외로 여행하는 수많은 외국인에 대한 민간 외교관의 역할을 한다고 할 수 있다.

2. 객실승무원의 임무

객실승무원이 하는 일은 탑승한 승객들이 비행기에서 내릴 때까지 비행시간을 안전하고 편안히 보낼 수 있도록 도와주는 역할이다.

객실승무원의 가장 중요한 임무 중 하나는 비상착륙 시 승객들을 신속하고 안전하게 탈출시키는 것이다. 안전을 위한 사전적 예방의 역할도 중요하다. 예를 들면, 연기나 화재와 같은 기내 사고가 확대되는 것을 방지하거나 감압, 엔진 이상 등 비정상적인 상황을 운항승무원에게 알려 비상사태 발생에 따른 피해를 최소화하기 위해 필요한 조치를 취하는 것이다. 또는 불법방해행위로부터 승객을 보호하는 역할 등이다.

일상적으로 수행하는 객실승무원의 임무를 요약하면 다음과 같다.

- 운항 전 브리핑(Briefing)에 참석하여 필요한 사항을 확인한다.
- 객실 내의 비상장비, 의료장비 및 기타 비품을 점검한다.
- 운항 전후 기내 보안점검을 실시하는 보안업무가 있으며, 그 결과를 기장에게 보고한다.
- 객실에 탑재된 수하물 점검 및 탑재상태를 파악한다.
- 승객에게 Safety Demonstration을 실시한다.
- 운항 및 안전에 관하여 기장이 지시하는 업무를 수행한다.
- 승객 탑승 전후 객실 내의 상황을 기장에게 보고한다.

안전은 승객에게 제공되는 가장 근본적인 중요한 서비스 사항으로 승객이 항공기 탑승 전 갖게 되는 항공기에 대한 의식적, 무의식적인 불안감을 해소하고 안전하고 편안한 여행을 하도록 하기 위하여 항공사에서 제공하는 기본이라고 할 수 있다.

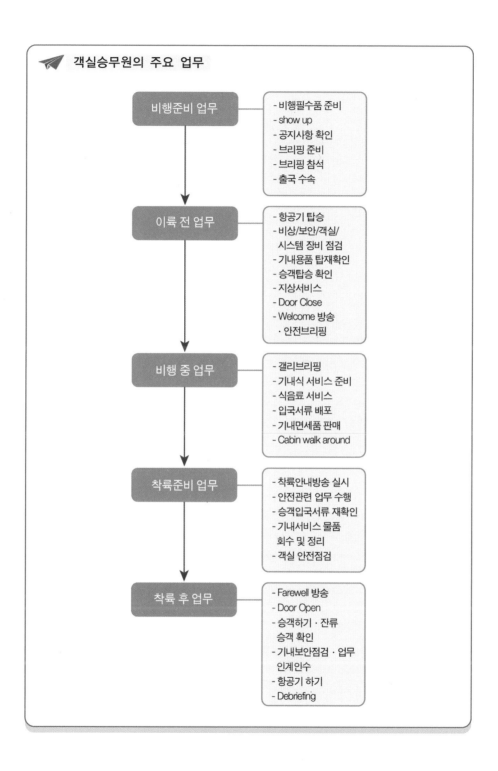

객실승무원의 주요 업무

비행준비 업무
- 비행필수품 준비
- show up
- 공지사항 확인
- 브리핑 준비
- 브리핑 참석
- 출국 수속

이륙 전 업무
- 항공기 탑승
- 비상/보안/객실/
  시스템 장비 점검
- 기내용품 탑재확인
- 승객탑승 확인
- 지상서비스
- Door Close
- Welcome 방송
  · 안전브리핑

비행 중 업무
- 갤리브리핑
- 기내식 서비스 준비
- 식음료 서비스
- 입국서류 배포
- 기내면세품 판매
- Cabin walk around

착륙준비 업무
- 착륙안내방송 실시
- 안전관련 업무 수행
- 승객입국서류 재확인
- 기내서비스 물품
  회수 및 정리
- 객실 안전점검

착륙 후 업무
- Farewell 방송
- Door Open
- 승객하기 · 잔류
  승객 확인
- 기내보안점검 · 업무
  인계인수
- 항공기 하기
- Debriefing

객실승무원의 근무 기준

항공기 객실승무원이 비행 피로로 인하여 안전운항에 지장을 초래하지 아니하도록 근무시간에 대한 기준을 법에서 정하고 있다(항공안전법 시행규칙 제128조).

연간 비행시간은 1,200시간을 초과할 수 없으며, 항공기에 탑승하여 업무를 수행하는 객실승무원의 수에 따라 연속되는 24시간 동안의 비행근무시간 기준과 비행근무 후 최소 휴식시간 기준이 있다. 최소 객실승무원이 탑승한 경우, 비행근무시간은 최대 14시간이며 최소 휴식시간은 10시간이다.

1. 직급체계

　객실승무원의 직급체계는 항공사별로 약간의 차이는 있으나 일반적으로 다음과 같이 구분하며, 공통적으로 여러 단계의 진급과정을 거치게 된다.

　처음 입사한 신입승무원들은 회사 규정에 따라 일정 기간 동안 인턴으로 비행근무를 한 후 자격심사를 거쳐 정직원으로 전환되면서 객실승무원이 된다. 최소 2년간 객실승무원으로 근무한 후 선임객실승무원이 되며, 일정 요건을 갖춘 후 부사무장(Assistant Purser)으로 승격될 수 있다. 이를 보통 영어 알파벳의 앞 글자를 따서 AP라고 부르는데 AP가 되고 나서 일정 근무기간이 지나면 항공기 객실의 관리자 격인 사무장(Purser)으로 진급할 수 있는 자격이 주어진다.

　그리고 다시 사무장에서 일정 연한 근무 후 선임사무장(Senior Purser)으로의 진급기회가 주어지고, 그 다음 승무원직 중에서는 최고의 직급인 수석사무장(Chief Purser)이 될 수 있는 자격이 주어진다.

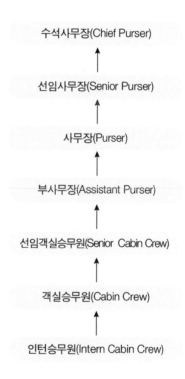

2. 지휘체계

항공기 운항 및 안전운항에 관한 총책임은 기장에게 있으며, 기내 서비스에 대한 책임은 객실 팀장에게 있다. 즉 기장은 합동브리핑 시점부터 비행이 종료되는 시점(숙소 이동시간 포함)까지 모든 승무원에 대한 책임 및 지휘권한을 갖는다. 단 해외체제기간 중 객실승무원에 대한 지휘책임은 객실사무장에게 있다.

기장(PIC: Pilot In Command)은 이륙을 목적으로 이동을 시작한 시점부터 엔진 작동이 멈출 때까지 비행기의 안전과 보안 및 항공기 운항에 대한 최종적인 권한을 갖고, 운항에 대한 책임을 갖는다.

비행기의 문이 닫힌 시점부터 탑승 중인 모든 승무원, 승객 또는 화물의 안전에 대한 책임을 갖는다.

✈️ **운항 중 객실승무원의 지휘계통**

항공기 내에서 모든 업무는 특별한 사유를 제외하고 지휘 체계를 통해 처리한다. 기장 또는 다른 승무원의 임무 불능 시 지휘 체계에 따라 지휘권이 승계된다.

기장 (PIC-Captain) → 부기장 (First Officer) → 객실사무장 (Purser) → 객실부사무장 (Assistant Purser) → 일반 객실승무원 (Cabin Crew)

✈ 객실승무원 Team Work

항공기 운항 및 안전운항에 관한 총책임은 기장에게 있으며, 기내서비스에 대한 책임은 객실사무장(팀장)에게 있다.

객실승무원 상호 간 및 운항승무원과의 협조와 원활한 의사소통은 승무원의 팀워크 형성과 안전한 비행환경 조성을 위하여 매우 중요하며, 특히 비상상황 발생 시 중요한 필수 요건이 된다.

팀으로 운영되는 항공사의 객실 팀은 각각의 팀이 정해진 스케줄에 따라 움직이는 하나의 독립기업과 같은 현장 운영조직이다. 객실 팀이 일반 사무실 내의 팀조직과 다른 점은 팀원들이 시간적, 공간적으로 제한된 항공기 내에서뿐만 아니라, 해외체재 시에도 함께 체류하는 시간이 길다는 점을 들 수 있다. 이러한 특성으로 인해 객실승무원 구성원 사이에는 연대의식과 단체행동 등 공통적 유대가 강하게 형성된다. 특히 한 달의 반 이상을 해외에서 생활하면서 숙식을 함께하는 업무 특성상 팀원들은 동료이자 제2의 가족 같은 존재이다. 그리고 이러한 팀원 간에는 유기적 일체감을 공유하게 되며 이는 곧 팀워크(Team Work)로 연결되어 업무의 큰 활력소가 되는 것이다.

즉 한 팀의 효율성 수준을 결정하는 요인으로 팀원 개개인의 능력보다는 팀장의 리더십을 중심으로 하는 팀구성원 팀워크의 역할이 크다고 할 수 있다. 이 때문에 항공사에서는 무엇보다 구성원들끼리 상호 존중할 수 있는 성품을 지니고, 동료를 존중할 줄 알며, 타 부서의 직원들과 좋은 관계를 유지할 수 있는 팀플레이어 선발을 중요하게 생각하고 있다.

승무원 자원관리(CRM: Crew Resource Management)

항공운송사업은 다양한 분야의 협력이 집약되어 이루어지는 업종인 만큼 객실승무원은 동료 승무원뿐만 아니라 사내 부서 직원, 대외 관련 부서 직원들과의 원만한 소통과 인간관계 유지가 중요하다고 할 수 있다.

일례로 유나이티드항공(United Airlines)은 1980년대 초 최초로 승무원자원관리(CRM : Crew Resource Management) 프로그램을 개발하여 현재까지 승무원 교육에 활용하고 있는데, 이는 효과적인 커뮤니케이션과 피드백, 팀워크(Team Work) 강화, 그룹문제의 해결, 효과적인 업무분배, 상황인식의 공유 등 팀조직에 관한 내용들로 구성되어 있다.

그러므로 객실승무원 상호 간 및 운항승무원과의 협조와 원활한 의사소통은 탑승승무원의 Team Work 형성과 안전한 비행을 위하여 매우 중요하다. 특히 비상상황 발생 시 매우 중요한 필수요건이 된다.

CRM(Crew Resource Management)이란 조종실 내 승무원 간 협력의 필요성을 이해하고 승무원들이 지니고 있는 능력의 한계, 조직의 성과를 향상시키기 위한 의사소통, 의사결정, 갈등관리 및 인적 오류 관리에 대한 지식과 기술을 교육하여 항공안전과 직무성과를 향상시키기 위해 모든 사용 가능한 자원(기자재, 절차, 사람, 정보 등)을 최대한 활용함으로써 항공기 운항의 안전성과 효율성을 높이도록 만드는 경영시스템을 말한다.

이는 비행사고의 대다수 주요 원인으로 통신, 리더십, 의사결정, 기술과 태도, 상황인식, 문제해결, 팀워크 등 포함, 대인관계의 주요한 문제의 실패에서 발견하여, 인간의 실수로 발생하는 가능성을 최소화하기 위함을 전제로 비행 중 발생할 수 있는 각종 위협요인에 대응하기 위한 방법과 운항승무원 간의 효율적인 의사소통을 위한 조종사 자원관리 방식 개선방안을 모색하기 위함이다.

CHAPTER

비행근무 준비~승객 탑승 전

제1절 비행근무 준비
제2절 승객 탑승 전 안전보안업무

Chapter

6 비행근무 준비~승객 탑승 전

제1절 | 비행근무 준비

1. 객실브리핑

객실승무원은 근무규정에 정해진 시간 및 장소에서 객실사무장이 주관하는 객실브리핑에 참석해야 한다. 객실브리핑에 참석할 때는 여권, 비자 등 비행근무에 필요한 휴대품 및 비행에 필요한 서류를 소지하고, 비행 준비를 완전하게 갖춘 상태여야 한다.

- 객실승무원 필수 휴대품
- 여권 및 VISA
- 직원 신분증(ID Card)
- 근무규정집 및 서비스 매뉴얼
- 출입국 및 비행 근무에 필요한 서류
- 국제선/국내선 Time Table, 메모지

- 기타 개인 휴대품으로 지정된 물품
- 기내방송문
- Tap을 배포한 경우 모든 종류의 Manual이 포함된 Tap을 소지하여야 함

또한 객실브리핑에 참석하기 전에 다음의 사항을 사전에 확인, 점검하여 비행 근무에 차질이 없도록 해야 한다.

- 해당편 Briefing Sheet 전반 내용
- 기장 성명, 객실사무장 성명, 자신에게 할당된 Duty
- 탑승기종 관련사항(항공기 장비/시스템, 비상사태 처리 절차, 객실설비 등)
- 목적지 정보(시차, 입국서류 및 검역절차, 면세기준, 공항정보 및 Transit 절차 등)
- 업무지시와 공지사항
- 기내 서비스 절차
- Tap의 업데이트 여부 확인

■ 객실브리핑 내용
- 비행 준비사항
  - 승무원 인원 확인(Duty, Extra, Ferry 인원 포함)
  - 각 승무원 Duty 확인
  - 필수 휴대품 소지 여부 확인
  - 용모 및 복장 점검
- 비행 정보
  - 해당편 출/도착 시각(시차 및 비행시간)
  - 항공기종
  - 승객상황 점검(예약상황, Special 승객 등)
  - 각 클래스별 기내식 메뉴
  - 목적지 정보 및 노선 특이사항(입국, 세관, 검역 관련 서류 등)

- 업무지식 점검
  - 해당 노선과 관련한 서비스 사항
  - 기내 서비스 순서 및 절차
  - 기종에 따른 안전/보안 관련 숙지사항
  - 비상/보안 장비 점검
  - 비상구 작동법
  - 비상 처리 절차
  - 기타 전달사항 및 강조사항

항공기 숙지	**항공기 비상구(Exit Door)** • 슬라이드나 슬라이드 래프트가 있는 비상구(비행 전 및 정상 시 작동), 창문 형태의 비상구 **항공기 장비와 비품** • 항공기 특성 및 조종실 형태, 객실 형태, 갤리(주방), 화장실 • 객실승무원 위치, 객실승무원 패널, 승객 서비스 장비 및 편의 패널, 승객 알림 신호, 각종 비상 장비 **항공기 시스템** • 에어컨 및 압력 시스템, 항공기 통신 시스템, 전기 시스템, 산소 시스템, 물 공급 시스템
비상상황 관련 업무 숙지	**비상 장비(Emergency Equipment)** • 비상시 의사 소통과 공지 체계, 비상 탈출이나 비상 착수 시 필요한 장비, 구급 의료용품(FAK), 비상 의료 용구(Emergency Medical kit), 휴대용 산소통(POB), 화재 진압 장비, 기타 비상 장비 **위험물 운송에 관한 지식** • 위험물 수송의 인지, 위험물에 대한 적절한 포장과 서류 작업, 위험물의 적재 · 보관 운반에 관한 지식 **비상 임무와 절차(Emergency Assignments and Procedures)** • 비상 상황의 일반적인 형태, 항공기 감압, 화재, 비상 착수, 지상 탈출, 공중 납치, 부상 및 질병 등 비정상 상황, 승객 난동 등

- 소통 및 보고
  - 정상적인 승무원의 업무와 절차, 승무원의 일반적인 책임 및 보고 임무

2. 항공기 탑승

객실승무원은 객실브리핑 후, 탑승수속을 마치고 정해진 시각에 항공기에 탑승하여야 한다. 단, 항공기 탑승시각은 사무장의 판단에 따라 당겨질 수 있으며, 연결편 관계로 근무 예정인 항공기의 도착이 지연될 경우, 항공기가 도착하는 장소 근처에서 대기하도록 한다.

3. 합동브리핑

합동브리핑은 정해진 시간 및 장소에서 기장의 주관하에 실시된다. 객실승무원은 기장으로부터 전달받는 합동브리핑의 내용을 숙지하고 비행근무에 임해야 한다.

- 합동브리핑 내용
- 계획된 비행시간, 고도, 항로
- 항로상 목적지 기상(예상되는 Turbulence 고도, 시간, 신호 방법)
- 승객 예약상황 및 VIP, CIP, Exra/Deadhead Crew, 환자 등
- 화물상황 : 탑재량, 고가품 등
- 특별한 CIQ 절차
- 조종실 출입 절차 및 기내보안 사항
- 비행 중 안전 고려사항 : 좌석벨트 착용 운영방법, Turbulence 시 PA 운영 방법 등
- 비상 절차 : 비상 신호 사용, 비상구, Slide 사용, 비상탈출 등
- 기타 비행 중 기장과 객실승무원 간의 협조사항
  - 승무원 간 통신과 협조 : 기장(PIC)의 권한, 정상 상황 시의 통신 신호와 절차 등

1. 비행 전 점검(Pre-Flight Check)

객실승무원은 항공기 탑승 후 각자 배정된 근무(Duty) 구역에 따라 기내안전, 보안 및 서비스에 대한 Pre-Flight Check(비행 전 점검)를 실시하고, 모든 점검 사항에 대한 결과를 객실사무장에게 보고한다.

비행 전 점검은 비행 중 승객의 안전한 여행과 객실승무원의 원활한 업무수 행을 위해 정확하고 신속하게 실시해야 한다.

1) 승무원 짐 보관 정리

객실승무원의 기내 반입 휴대수하물은 회사가 지급한 Flight Bag과 Hanger로 제한되며, 항공기 탑승 후 다음의 적절한 장소에 안전하게 보관, 정리한다.

- Overhead Bin(단 승객의 안전과 편의를 최우선으로 고려하여 사용한다.)
- Door가 장착된 Coat Room
- 전방과 통로 측 방향 삼면에 고정장치가 설치되어 있는 좌석 하단

2) 담당구역 비상/보안 장비 점검 위치 및 상태

객실승무원은 각자 근무를 배정받은 담당구역 및 승무원 좌석에 있는 비상/ 보안장비 점검을 실시하여 그 결과를 객실사무장에게 보고한다. 이는 항공기 사 고를 미연에 방지하고, 만일의 비상사태 발생 시 신속하게 장비를 이용하여 대처 하기 위해 탑재된 각종 비상장비의 위치, 작동법, 이상 유무 등을 점검하는 업무 이다.

- ■ 화재예방 및 진압장비
  - H_2O 소화기, Halon 소화기, Hafex 소화기, PBE, Smoke Detector

- 비상탈출장비
  - Door 주변 점검(Door Slide Mode, Locking 상태), Flash Light, Megaphone, ELT 등

- 응급조치장비(의료장비)
  - POB, Medical Bag, First Aid Kit, Emergency Medical Kit, AED, UPK 등

- 보안장비
  - 비상벨, 방폭 매트, 방폭 조끼, 보안장비함 등

- PA/Interphone, 위치 및 상태 점검

- 일반 안전장비
  - 담당구역 Jump Seat 내 승무원 구명복, Safety Demo 장비, Infant Lifevest

■ 기타 안전장비 점검, 유해물질의 탑재 여부 및 상태 점검

구분	장비	점검사항
일반 안전장비	승무원 구명복/Infant Lifevest	정위치, 수량 및 상태
	Safety Demo 장비	수량 및 상태
화재예방 및 진압장비	Halon 소화기	정위치, SEAL 상태, 압력 게이지 상태 (그린)
	H_2O 소화기	정위치, SEAL 상태
	PBE (Protective Breathing Equipment)	정위치, 보관상태(진공상태)
	Smoke Detector	위치, 이물질 유무 확인, 작동여부
의료장비	PO$_2$ Bottle (Portable Oxygen Bottle)	정위치 마스크와 튜브상태 마스크와 PO$_2$ Outlet의 연결상태 압력 게이지 상태
	FAK(First Aid Kit)	정위치, Seal 상태
	Medical Bag	내용물, 수량 확인
	EMK(Emergency Medical Kit)	정위치, Seal 상태
	AED (Automated External Defibrillator)	정위치, Battery 상태(녹색)
	Resuscitator Bag Universal Precaution Kit(UPK)	정위치, 상태
비상탈출장비	ELT (Emergency Locator Transmitter)	정위치, 장탈법, 포장상태
	Megaphone	정위치, 작동여부, 고정상태
	Flash Light	정위치, 작동여부, 충전지시등 점멸상태
	ELS(Emergency Light System)	위치 확인
보안장비	비상벨	위치, 사용법
	방폭담요, 방폭재킷, 보안장비함	장비 수량 및 상태

■ 비행 전 보안사항 Check-List(해당 구역 담당 승무원)

구분	점검사항
객실	□ 비상벨 □ 좌석상단 □ 객실 바닥부분 □ 모든 오버헤드 빈 □ 좌우측 벽면 및 창가 □ 출입구 및 주변 기계장치 □ 코트 보관장소 □ 승무원 휴식공간 □ 잡지, 인쇄물 Rack 및 보관장소 □ 비상장비 보관장소 □ 좌석 전후면 파우치 □ Life Vest, Seat 쿠션, 하단 □ 승무원 좌석 및 구명장비 보관소 □ 각종 구명장비 보관장소 □ 기타 천장공간
갤리	□ 비상벨 □ 오븐, 냉장고, Bar □ 갤리 내 주변에 비치된 각종 비상장비 □ 벽면, 천장 및 바닥부분 □ 갤리 서비스 도어 및 경첩 주변 □ 갤리 내 모든 보관공간 □ 쓰레기함 □ 제반 용기나 통을 빼내어 점검 □ 상단 부분의 산소마스크 보관장소 및 기타부분
화장실	□ 화장실 문, 벽면 및 천장 외부 □ 변기 주변 □ 휴지, 화장지 보관함 □ 개수대 및 하단 용기 □ 산소마스크 보관장소

● 항공보안등급
  A등급: Green 및 Blue 단계 발령 시
  B등급: Yellow 단계 발령 시
  C등급: Orange 및 Red 단계 발령 시

  * 항공보안등급에 따라 체크하는 항목이 달라질 수 있다.

비상 · 보안 장비

비상장비(Emergency Equipment)

항공기 내에는 만일의 비상사태 발생에 대비하여 일반 비상장비, 비상탈출 장비, 화재장비, 의료장비, 보안장비 등 각종 비상·보안장비들이 탑재되어 있다.

화재예방에 대비한 Smoke Detector, 화재 진압에 필요한 소화기 및 PBE 등이 객실 내에 비치되어 있으며, 그 외 비상착륙 및 착수 때를 대비하여 항공기 탈출용 미끄럼대인 Escape Slide를 비롯하여 구명보트 역할을 해주는 Life Raft, Emergency Megaphone, 구조 신호용 비상장비 등이 있다.

또한 응급환자 발생 시 승객에게 제공할 수 있는 소화제, 진통제 등 간단한 의약품뿐만 아니라 승객 중 의사가 있을 때 사용할 수 있는 수술도구 및 각종 구급약품, 심장마비를 일으킨 환자의 심장에 전기적인 충격을 전달하여 심장 기능을 소생시켜 주는 응급 의료기구도 탑재되고 있다.

1) 커뮤니케이션 장비 및 시스템

(1) Public Address(PA)/Interphone System

- 객실 전체에 방송을 실시할 수 있는 PA 기능과 객실승무원 상호 간, 혹은 객실승무원과 운항승무원 간에 의사소통을 가능하게 하는 기내 통화의 인터폰 기능이 있다.
- Handset의 형태로 되어 있으며, 조종실 및 객실의 각 Station Panel에 장착되어 승무원 상호 간 의사전달 수단이 된다.
- 항공기 기종별로 사용법이 약간씩 상이하며, 통화 및 방송을 위해 고유의 호출번호를 사용할 수 있다.

- 인터폰을 통해 비상시 Emergency Signal(비상신호)을 보낼 수 있다. 비상신호는 비상상황 시 조종실 및 다른 승무원에게 알리기 위한 승무원 상호 간 연락을 위해 Interphone으로 보내는 신호를 말하며, 비상탈출 신호와는 구분된다. 모든 승무원은 비상신호를 듣는 즉시 Handset을 들고 자신의 위치를 말한 후 발신자로부터 상황이나 지시를 전달받게 된다.

(2) Megaphone

비상상황 시 PA 사용이 불가능한 경우, 이를 대신하여 비상탈출 시 혹은 비상탈출 후에 승객에게 탈출을 지휘하거나 정보를 전달하기 위해 사용한다.

(3) Evacuation Signal

- 기내에는 비상탈출 시 탈출을 명령할 수 있는 Evacuation Signal을 On할 수 있는 Evacuation Command 스위치가 장착되어 있으며, 이는 조종실 및 객실에서 조작할 수 있다.

 비상탈출 시 중/대형 항공기는 PA로 탈출명령을 내린 후 Evacuation Signal을 주게 된다. 단 B737과 F100 항공기 등은 Evacuation Horn 기능이 없으므로 PA, 육성이나 메가폰으로 탈출명령을 내린다.

2) 비상탈출장비(Emergency Evacuation Equipment)

● 항공기에는 만일의 사고가 발생했을 경우에 대비하여 승객을 무사히 탈출시키고 구출을 돕기 위한 장비품을 비치하도록 「항공안전법」에 명시되어 있다.

● 항공기가 불시착했을 때 탈출을 돕는 슬라이드, 구명보트, 구명조끼, 조난된 위치를 알리는 전파발신장치, 발화신호장치, 부상한 승객을 치료할 수 있는 구급간호약품 등이 기내에 탑재되어 있다.

(1) Life Vest(구명복)

● 항공기가 바다나 호수에 비상착수 시 익사 방지 및 체온강하를 방지하는 데 목적이 있다.

● 승객 좌석 하단 및 Armrest 하단에 보관되어 있다.

● 일반승객용은 노란색으로 국제표준화되어 있고, 승무원은 오렌지색이다.

● 성인용과 유아용이 있으며, 유아용 구명복에는 보호자와 연결할 수 있는 연결끈이 있다.

● 구명복의 탑재는 항공기의 종류나 운항하는 노선에 따라 다소 차이가 있다. 즉 장거리 해상비행을 하는 항공기에는 반드시 구명보트를 탑재하지만 국내선 등 단거리 육상비행을 하는 항공기에는 탑재하지 않는다.

🔼 Infant Lifevest

● 구명복의 사용법은 다음과 같다.

　① 붉은색 팽창손잡이가 앞쪽으로 오도록 머리에서부터 입는다.

　② 양쪽의 Strap 사이로 팔을 집어넣은 후 평평하게 아래로 잡아당긴다.

　③ 양쪽의 조절손잡이를 이용, 몸에 맞도록 조절한다.

④ 양쪽의 손잡이가 있는 끈을 당기면 신속하게 공기가 주입되면서 각각 두 개의 튜브를 부풀리게 된다. 만일 작동하지 않거나 충분히 부풀지 않을 때에는 양쪽의 고무관을 이용하여 입으로 불어서 팽창시키도록 한다.

 구명복은 반드시 탈출 직전에 부풀려야 하며 사전에 부풀릴 경우 탈출에 방해가 되고 손상의 우려가 있다. 또한 야간일 경우에 대비하여 어깨 부분에 해수(海水) 전지로 점등하는 표식등이 붙어 있다. 구명복의 "Pull to Light"의 Tap을 당기면 Battery Hole이 나타나고 여기에 물이 들어가 소형 위치 표식등(Locator Light)이 들어오며 약 8~10시간 작동한다.

(2) Flash Light(손전등)

- 비상사태 시 승객을 유도하고 신호를 보내며 야간에 시야를 확보하기 위한 용도로 사용된다.
- 승무원의 좌석 부근에 비치되어 있으며, 장탈하면 자동적으로 불이 켜진다.

(3) ELS(Emergency Light Switch, 비상등)

- 비상탈출 시 시야를 확보하고 항공기 내부와 외부의 탈출경로를 밝혀주기 위한 비상등을 작동시키기 위하여 사용한다.
- 기내 전원공급이 중단된 경우 자동으로 비상구까지 안내하며, 조종실이나 전방 Cabin Attendant Panel(일반적으로 L1 혹은 L2)에서 ELS를 On시킴으로써 작동이 가능하다.

ELS 위치

- B747 : L2 Door 근처 J/S 상단
- A330 : L2 Attendant Panel
- B767, A320, A321, A331 : L1 Attendant Panel

■ Interior Emergency Light

비상탈출을 유도하는 비상등은 객실천장, 통로, 비상탈출 통로 표지를 따라 비상구까지 연결되어 있다.

각 비상구에 위치한 비상탈출구 표시등(Exit Sign Lights)은 비상탈출구의 위치를 알려주기 위해 설치되었으며, 비상탈출 통로 표지(Emergency Escape Path Marking)는 항공기 안이 연기로 덮였을 경우라도 승객이 쉽게 통로를 확인할 수 있도록 통로 바닥면이나 좌석의 측면(B777), 기내의 계단(B747) 측면에 일정 간격으로 비상용 조명등이 설치되어 있다.

■ Exterior Emergency Light

비상탈출 시 슬라이드 등 팽창된 탈출장비의 주위를 비춰주기 위한 것으로, 특히 야간에 불시착했을 때 항공기 외부를 비추는 비상용 조명이다. 독립된 비상용 전원(Emergency Battery)에 의해 작동하도록 되어 있다.

책을 읽을 수 있을 정도로 밝으며 적어도 10분 이상 점등된다.

(4) ELT(Emergency Locator Transmitter, 무선 송신기)

- 비행기가 비상 착륙, 착수 시에 신호음을 통해 현재의 위치를 송신하는 구조요청을 할 수 있는 긴급 무선 송신기이다.
- 물과 접촉해 작동되는 Battery를 전원으로 사용하는 송신기로서 조난신호를 48시간 동안 지속적으로 발신한다.

- 비닐커버로 싸여 있지만 커버를 떼고 물에 담그면 자동으로 안테나가 늘어 나게 되어 전파법에 지정된 2종류의 조난주파수(121.5MHz와 243MHz)의 전파를 발신하게 된다.

3) Escape Device

(1) 비상탈출장비

Escape Device는 비상사태 시 승객과 승무원이 항공기로부터 신속하고 안전 하게 탈출하기 위해 사용되는 장비를 말하며 Slide, Slide/Raft, Life Raft가 있다. 이는 탈출용 미끄럼대인 Escape Slide와 비상착수 시 50~60명 정도 탑승할 수 있는 구명보트 역할의 Life Raft, 그리고 대부분의 신기종에 장착되어 있는 이 두 가지의 분리된 기능을 합한 Slide/Raft를 일컫는다.

Escape Device는 비상시 Door(Armed Position) 상태를 열면 자동으로 팽창 되도록 되어 있으나 만일 팽창하지 않으면 Manual Inflation Handle[3]을 잡아당 긴다.

■ Slide
- 항공기가 긴급히 비상 착륙했을 때 승객 및 승무원을 안전하게 항공기 밖으로 탈출시키기 위한 장치로 대형 여객기에는 탑승구 자체가 그대로 비상탈출구가 되어 이곳에 긴급탈출용 미끄럼대(Emergency Escape Slide), 탈출용 밧줄(Evacuation Assist Rope)이 장착되어 있다.
- Slide는 90초 이내에 승객, 승무원 전원이 탈출할 수 있도록 설계되어 있기 때문에 비상구 문을 여는 것과 동시에 약 10초 만에 자동으로 팽창 하여 펼쳐져서 미끄럼대의 형태로 된다.
- Single Lane과 Double Lane이 있으며, 비상착수 시에는 뒤집어서 부유장 비로 사용할 수 있다.

---

3) Escape Device를 수동으로 팽창시키기 위해 잡아당기는 핸들

- Life Raft
  - 비상착수 시에 항공기로부터 탈출한 후, 구명보트 역할을 하는 장비로 압축가스로 팽창시켜서 탑승자를 수용하게 된다.
  - Door 주변의 천장 내에 보관되어 있다.

✈ **Life Raft의 사용법**

① Raft를 사용할 Door 쪽으로 옮긴다.
② Raft의 연결 끈을 항공기 Door 주변의 단단한 시설물에 묶는다.
③ Raft를 항공기 외부 물 위로 던진다.
④ 팽창 핸들인 D-ring을 잡아당기면 Raft가 팽창한다.
⑤ Raft가 팽창하지 않는 경우 연결 끈을 다시 한 번 당긴다.

- 구명보트에는 구명보트 탑승 후 표류하게 되는 때를 대비해 비상용 식량, 식수제조기, 약품, 통신장비 등 Survival Kit가 내장되어 있다.
- B747, DC10, B767 이후 최근 도입되고 있는 기종에서는 탈출용 미끄럼대가 탈출 후 바로 구명보트로 사용할 수 있는 형식(Slide/Raft)으로 바뀌고 있으며, 이는 기체의 경량화에도 도움이 된다.

- Slide/Raft

  - 비상착륙 시 항공기로부터 탈출하기 위한 장비이며 비상착수 시에는 Life Raft 겸용으로 사용한다. 구형 항공기의 경우는 구명보트가 기내의 일정 장

소(주로 객실 천장이나 승객용 의자 위에 있는 수하물 보관장소)에 비치되어 비상시에 승무원이 이것을 꺼내어 바다에 던져서 사용했으나, 최근 대부분의 항공기는 출입문에 부착된 비상탈출 미끄럼대(Escape Slide)가 구명보트(Life Raft) 역할을 겸하게 되어 있다. 그러므로 명칭도 이 두 가지의 핵심 단어만 조합한 'Slide Raft'라고 칭한다.

- Single 또는 Double Lane으로 되어 있으며, Survival Kit가 장착되어 있다.

B747에서 U/D과 No.3 Door(Slide)를 제외한 모든 Door에는 Slide/Raft가 장착되어 있다.
A380에서 No.3 Door(Slide)를 제외한 모든 Door(U/D 포함)는 Slide/Raft가 장착되어 있다.

(2) Raft 부속장비

Raft 또는 Slide/Raft에는 물 위에서 Raft를 설치, 수리 및 관리하는 데 필요한 설치/수리용 장비, 구조신호를 보내는 신호용 장비 그리고 구조될 때까지의 비상식량, 구급약 등 생존용 장비 등이 있다.

■ 설치/수리용 장비(Sustaining Equipment)

- Canopy : 파도, 바람, 직사광선 차단용 차양
- Canopy Pole : Canopy를 설치하기 위한 차양 지지대
- Sea Anchor : Life Raft가 파도, 바람에 표류하는 것을 방지하기 위한 헝겊 Bag 형태의 닻

- Repair Clamp : 손상된 Life Raft 수선용 꺽쇠, 수리용 조임쇠
- Hand Pump : Life Raft 공기보충용 보급기
- Bucket : Life Raft 내 물을 퍼내는 용기
- Sponge : Life Raft 내 수분 제거용 비품
- Heaving Line : 물에 빠진 사람 구조 시 또는 Raft 간 서로 떨어지지 않게 연결할 때 사용하는 구명줄
- Mooring Line : 항공기에 다시 들어갈 경우 사용되는 Re-entry line으로서 Escape Device와 항공기를 연결해 주는 최종적 line
- Knife : 항공기와 Life Raft 사이의 연결 끈(Mooring Line)을 절단하는 칼

◇ 긴급신호용 장비(Signal Equipment)
- Smoke/Flare Kit : 연기불꽃 발생기. 표류 중에 소재지를 알리는 방법으로 낮에는 연기로, 밤에는 불꽃으로 구조대에게 Raft의 조난위치를 알려주는 장비

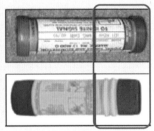

- Sea Dye Marker : 바닷물 빛깔을 변하게 하는 해양 염색제
- Signal Mirror : 태양광선을 반사시켜 조난위치를 알리는 신호거울
- Whistle : 소리를 이용하는 신호장비

⬆ Sea Dye Marker

■ 생존용 장비(Survival Equipment)

- Sea Water Desalting Kit : 바닷물을 식수로 정제하는 해수 염분제거용 정수기
- First Aid Kit : 비상용 구급약품
- Ration : 비타민 정제, 캔디, 껌 등 비상식량
- Water Container : 식수 저장용기
- Survival Book : 식용식물 구별법, 오지생존법, 식량고갈 시 대처방법 등 생존관련 설명서
- Raft Manual : Life Raft 설명서
- Compass : 나침반
- Bible : 성경

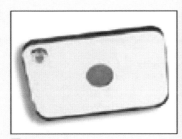

⬆ Signal Mirror   ⬆ Survival Equipment

4) 화재예방 및 진압장비

(1) 소화기(Fire Extinguisher) 종류

항공기 내에는 비행 중 화재가 발생하거나 비상사태 시의 화재에 대비하여 화재상황에 맞는 소화기가 장착되어 있으며 화재의 유형에 맞게 사용한다. 소화기 유형은 미국방화협회(NFPA)에서 규정한 것으로써 화재의 연소특성에 따라 다음과 같이 분류한다.

구 분	유 형	소화기
A	연소성 고형물질(종이, 의류, 옷감, 고무, 플라스틱 등)	H_2O Type Halon Type
B	기름(가연성 액체, 기름, 페인트 등에 의한 화재)	Halon Type
C	전기류(오븐, 객실조명 등 전기장비에 의한 화재)	Halon Type

■ H_2O 소화기

- 고형물질, 종이, 의류 등의 일반화재에 사용하며 기름, 전기화재에는 사용이 불가하다.
- Halon 소화기로 소화 후, 재발화의 위험을 막기 위해 사용하기도 한다.
- 사용법은 다음과 같다.
  ① 소화기를 수직으로 세운다(소화기를 뒤집거나 옆으로 눕혀서 사용하지 않는다).
  ② 손잡이를 시계방향으로 충분히 돌린다.
  ③ 화재의 근원을 향해 Lever를 누른다(2~3m 거리 유지).

■ Halon 소화기

- 모든 화재에 사용 가능하나 주로 기름, 전기, 전자 장비 등 내부시설물 일반 화재에 사용한다. 화재 발생 시 3가지 요인은 열, 매체, 산소인데 Halon 소화기는 산소를 차단하여 진압하는 방식이다.

- 사용법은 다음과 같다.
  ① 소화기를 수직으로 세운다(소화기를 뒤집거나 옆으로 눕혀서 사용하지 않는다).
  ② Locking Pin을 당겨 뽑는다.
  ③ Handle과 Lever를 한 손에 쥐고 꽉 누른다(2m 거리 유지).
  ④ 소화기의 노즐은 불꽃의 아래쪽을 향하도록 한다.

> ✈ **HAFEX(Halon Alternative Fire Extinguisher) 소화기**
> - 친환경 소화약제를 사용하는 소화기로 2016년 12월 31일 이후에 최초로 제작된 항공기에 장착되어 있다.
> - 일반화재 및 전기, 가스화재 전반에 걸쳐 다양하게 사용되며 사용시간은 약 9~10초이다.
> - 사용법은 다음과 같다.
>   1. 소화기를 수직으로 세운다.
>   2. 안전핀을 뽑는다.
>   3. 소화기의 분사구를 화재발생 방향으로 향하게 한다.
>   4. 소화기의 손잡이 부분이 분사 시 압력에 의해 요동치지 않도록 주의한다.
>   5. Lever를 눌러서 분사한다.
>
> 진화된 화재도 재발화 방지를 위해 소화액을 충분히 분사, 소화상태를 확인한다.

(2) PBE(Protective Breathing Equipment)

- 기내에 발생한 화재를 진압할 때, 연기 및 유독성 가스로부터 호흡 및 안면을 보호하고 시야를 확보하기 위한 목적으로 사용하는 장비이다.
- 방염소재로 진공 포장되어 기내에 비치되어 있으므로, 승무원은 비행 전 정위치 보관여부, ID TAG 상태(진공상태)를 확인한다.
- 착용상태로 인터폰 사용 및 대화가 가능하다.
- PBE 작동 시에는 귀가 뻥하고 울리며 순간적인 이명현상, 두통이 발생할 수 있다.
- 유효시간(15분간 사용가능)이 초과한 경우에는 내부기온이 상승하므로 신속히 벗어야 한다.

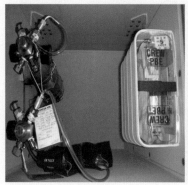

(3) Smoke Goggle

● 화재를 진압할 때 연기로부터 시야를 확보하거나 눈을 보호하기 위해 사용한다.

● 유독가스와 연기가 발생한 곳에서 POB와 함께 사용이 가능하다.

(4) 석면장갑

● 불연성 석면을 재료로 사용하여 만든 장갑으로 화재 진압과정에서 뜨거운 물체나 불타는 물체를 잡아야 하는 경우 손을 보호하기 위해 사용한다.

● Cockpit 내에 탑재되어 있다.

(5) 손도끼

● 접근이 불가능한 객실구조물 내부에서 화재가 발생했을 때, 화재 진압에 방해가 되는 장애물을 제거하기 위한 장비로 사용한다. 단 항공기에 손상을 주면서 화재를 진압해야 하는 경우 반드시 기장과 협의한 후 사용해야 한다.

● 안전 규정상 Cockpit 내에 탑재되어 있다.

(6) Smoke Barrier

2층 구조의 항공기에 장착되어 있는 것으로 Main Deck Cabin에서 화재가 발생했을 때, 연기가 계단을 통해 Upper Deck으로 올라오는 것을 방지하기 위한 시설물이다.

(7) Circuit Breaker

- 커피메이커나 오븐 등의 전기시설 장비가 있는 항공기 갤리 내에 전원을 차단시키는 검은색 버튼을 말한다.
- 전기의 과부하 현상이 발생하면 Circuit Breaker가 튀어나와 전원공급을 차단시키는 역할을 하게 된다.

▪ 주의사항

- 과열현상이 제거된 후 Circuit Breaker를 눌러 재연결을 하기 전에 기장에게 연락한다.
- Circuit Breaker를 이용한 전원 재연결은 1회에 한하여 가능하므로 재연결된 Circuit Breaker를 다시 사용할 때에는 이를 인지할 수 있도록 반드시 표시를 해두어 다른 승무원의 사용을 방지한다.
- 해당 Circuit Breaker가 다시 튀어나오는 경우 재사용을 금한다.

(8) Galley Master Power Shut Off Switch

갤리 전원은 기본적으로 조종실에서 공급, 차단하며 B747/B777 항공기의 Galley에는 전원 공급 차단을 위한 Main Power Shut Off Switch가 설치되어 있다.

즉 Galley 내에 화재가 발생한 경우, 해당 Galley Master Power Shut Off Switch를 사용하여 공급되는 전원을 우선 차단할 수 있다.

(9) Smoke Detector

- 기내화재 방지를 위해 연기를 감지하여 경보신호를 발신함으로써 화재발생 사실을 조기에 감지하게 하는 장치이다.
- 연기 감지 시 고음의 경고음과 동시에 Smoke Detector 내 Alarm Indicator Light(Red)가 점등되며, 연기가 소멸될 때까지 지속적으로 점등된다.
- 화장실 내부와 Crew Bunk에 설치되어 있다.

- 일부 항공기(747-400, 737-800, A330 제외)에는 화장실 천장의 Smoke Detector 에 정상작동 여부를 점검할 수 있는 Smoke Detector Test Button이 장착되어 있다.

5) 응급처치 의료장비

(1) Portable Oxygen Bottle(POB)

- 기내에는 감압 시와 같은 비상시 응급처치를 목적으로 승객에게 산소를 공급하기 위해 POB가 탑재된다.
- POB는 모든 승무원의 좌석 하단 또는 근처에 비치되어 있으며, 객실승무원은 비행 전 점검 시 POB의 탑재위치, 마스크 Fitting 및 연결상태를 확인해야 한다.

⬆ Portable Oxygen Bottle(POB)

(2) Medical Bag

- 비행 중 필요시 승객에게 신속하게 제공하도록 승무원이 휴대하는 의약품을 말한다.

■ 내용품

- 해열진통제, 소화제, 지사제, 연고, 일회용밴드, 탈지면 등이 있다.
  단 승객에게 약을 제공할 때는 해당 승객이 약에 대한 알레르기 반응이 없는지 반드시 확인해야 한다.

(3) First Aid Kit(FAK)

- 비행 중 응급상황에 처한 승객의 사고 및 질병의 응급처리를 위해 기내에 탑재하는 구급처치용 의약품함으로 「항공안전법」에 의해 반드시 기내에 탑재하도록

⬆ First Aid Kit(FAK)

규정되어 있다.

- 사용 전 기장에게 알리고 사용하며, 전문 의료인 없이 개봉할 수 있다.
- Seal이 뜯어진 것은 하나의 완전한 Kit로 인정하지 않으며, 한 번 개봉한 것은 반드시 새로 교체해야 한다.

■ 내용품

- 의료장비 : 붕대, 반창고, 가위, 압박붕대, 일회용밴드, 부목, 삼각건, 소독 솜, 수술용 장갑, 인공 기도유지기 등
- 의약품 : 멀미약, 소화제, 해열진통제, 연고 등

(4) Emergency Medical Kit(EMK)

- 비행 중 응급환자 발생 시 전문적인 치료를 위한 의약품 및 의료기구를 보관해 놓은 비상의료함으로, 의사 및 기장이 판단한 관련 의료인만이 사용할 수 있다.

⬆ Emergency Medical Kit(EMK)

- 대형 기종에만 탑재된다(B737에는 미탑재).

■ 내용품

- 전문적인 치료에 필요한 의료장비 및 의약품

(5) Universal Precaution Kit(UPK)

- 환자의 질병, 오염물질로부터의 보호를 목적으로 오염된 물질을 담아두는 곳을 말한다.

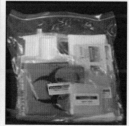

⬆ UPK

- 내용품
  - 환자의 체액이나 혈액을 직접 접촉하지 않도록 하기 위해 소독되어 있는 장갑, Mask, 보호가운, 오염물 처리 Bag 등

(6) Resuscitator Bag

- CPR(심폐소생술) 및 인공호흡을 실시할 때 사용하는 보조기구로 환자의 호흡을 유도하고 산소를 추가적으로 공급하기 위해 사용한다.
- Resuscitator Bag은 EMK 손잡이에 부착되어 탑재되며, 비행 전 정위치 탑재 여부를 확인한다.

(7) Automated External Defibrillator(AED)

- AED란 심실 세동으로 인하여 심장박동이 정지된 환자발생 시 심장박동을 정상으로 복구하는 데 사용되는 심실자동제세동기를 말한다.
- 비행 전 비상장비 점검 시 AED의 정위치 보관여부 및 Battery 점검(손잡이 옆에 초록색 불빛이 들어와 있는지를 확인)을 해야 한다.
- 의사 또는 1급 응급구조사, AED 교육을 이수한 승무원만이 사용할 수 있다.

↥ AED

보안장비

1) 보안장비 및 시스템

항공기 안전운항에 위해가 되는 승객의 기내난동 및 항공기 불법탈취(Hijacking)에 대응하고, 객실 안전 유지를 위해 기내에 탑재 운영되는 보안장비 및 시스템을 말한다.

항공사별로 약간의 차이는 있으나, 일반적으로 항공기 내의 보안장비로는 비상벨, 가스분사기, 전자충격총(Taser) 및 보관함, 방폭담요, 방탄조끼, 타이랩(Tie-Wrap), 포승줄 등이 특정한 장소에 보관 및 장착되어 유사시 사용하고 있다.

원칙적으로 무기류는 기내에 반입될 수 없으나 정부기관의 요인 경호, 범죄인 호송 등 해당편에서 공적인 업무수행 시에 한하여 그 절차에 따라 해당 총기류를 항공기 조종실에 탑재할 수 있다.

비상벨(Hijack Warning Bell)은 항공기의 구조상 결함 혹은 화재, 불시착 등과 관련한 비상 위급상황이 아닌 하이재킹, 테러와 관련된 인적 요인의 비상시를 위한 비상연락장치이다.

이 장치는 보안의 위해가 예상되는 일부 항공사에만 장착된 시설로서, 운항승무원에게 인터폰 사용 없이 객실의 상황을 알릴 수 있는 장치이다. 갤리 혹은 항공기의 특정한 공간에서부터 조종석 간의 비상연락장치를 가설해 놓았다.

2) 폭발물 관련

- 항공기 내에 폭발물 발견 시 폭발물에 의한 피해를 최대한 줄이기 위해 기내에 방폭 Mat(항공기 내에서 폭발물을 덮어씌워 사용하는 장비), 방폭 Jacket 등을 탑재, 운영한다.

- 비행 중 항공기 내에서 폭발물을 처리해야 할 경우, 보안절차에 따라 사무장이 임명한 승무원은 방폭 Jacket을 착용하고 폭발물을 폭발물 피해 최소구역으로 옮긴 후 그 위에 방폭담요로 덮어씌운다.

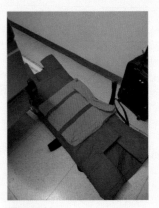

⬇ 폭발물 피해 최소구역

기종	폭발물 피해 최소구역
B747	R5 Door
B777-200	R4 Door
A330-300	R4 Door
A300-600	R4 Door

⬆ 방폭매트

3) 조종실 Door 관련

최근 항공기를 이용한 테러가 발생함에 따라 조종실은 객실과 차단되고 조종실 출입이 엄격히 통제, 관리되는 사항이 기내보안의 중요한 업무가 되고 있다.

조종실 Door 보안 유지를 위한 내용은 다음과 같다.

- 조종석 내부에서 출입문 근처를 볼 수 있는 조망경 설치 : 일부 항공사는 조종석에서 객실상황을 볼 수 있도록 하는 시스템이 설치되어 있다.
- 조종실 출입자의 제한 : 객실승무원은 사전에 조종실과 인터폰으로 통화한 후 출입이 가능하다.
- 출입문 보호장비 : 출입문에 설치된 Pad Lock장치로 외부 출입자가 쉽게 접근할 수 없도록 코드화되거나 지문인식 시스템이 갖춰져 있다.

3) 객실 설비 점검

 항공기 객실에는 승객 좌석의 편의시설 및 기내서비스 제공을 위한 다양한 객실 설비가 있다. 객실승무원은 비행 전 점검 시 기내 각종 설비에 이상이 없는지를 점검하며, 기종에 따라 사양과 작동방법에 다소 차이가 있으므로 사전 숙지하여 사용에 주의해야 한다. 또한, 담당 구역별로 기내 청소작업상태를 점검해야 한다.

- **객실 전체 점검**
  - 객실통로, Overhead Bin, Coat Room, Crew Rest Area(Bunk) 등의 청소상태 및 유해물질 탑재 여부 확인
    - Curtain/Coat room/Aisle 청결상태
    - Boarding Music Volume 조절, 방송 작동상태, 온도조절 장치 등 Station Panel 점검

- **승객 좌석 및 주변 점검**
  - 좌석 밑 Life Vest 정위치, Seat Belt, Tray Table 고정 상태
  - Seat Pocket Item 확인(Air Sickness Bag, Safety Information Card, 기내지 등)
  - 승객 개별 Monitor/Screen 상태 확인
    - Reading Light
    - Head Rest Cover 등 좌석 주변 청결상태

- **Galley 장비**
  - Galley Duty는 Galley에 설치되어 있는 Waste Container, Sink, Floor 등 장비의 정상 작동여부 및 인화성 물질 여부 확인

Air Bleeding

Water Boiler 작동 시 정상적이고 기포가 없는 연속적인 물이 나올 때까지 충분히 물을 빼주는 것을 말하며 갤리를 점검할 때 반드시 Air Bleeding을 실시한 후 전원을 켠다. Air Bleeding이 충분치 않은 상태에서 Water Boiler를 사용할 경우 과열에 의한 화재 발생의 요인이 된다.

■ Lavatory 장비

- 화장실의 청결 및 작동상태 확인
- Toilet Bowl, 화장실 비품 Setting 및 유해물질 탑재 여부
- Water Basin, Flushing 상태 확인
- Compartment Locking 상태 확인
- Smoke Detector 위치, 작동 및 이물질 여부 확인

4) 객실시스템 점검

■ 객실 조명시스템

- 객실사무장 또는 객실 부사무장은 객실조명을 단계별로 조절하여 작동이상 유무를 확인한다.
- 객실 대부분의 기내조명은 Cabin Attendant Panel에서 조절이 가능하다.

■ Communication 시스템

- Passenger Call System : 승객이 PSU에 설치되어 있는 승무원 Call Button을 이용하여 승무원을 호출할 때 사용된다. 승무원은 Master Call Light Display의 색깔 표시와 함께 울리는 Chime으로 승객 좌석이나 화장실에서의 승객 호출을 인지할 수 있게 되며, 그 외 승무원 상호 간의 호출 인지도 가능하다.

- Public Address System/Interphone System : 모든 객실승무원은 자신의 담당 Station에 설치되어 있는 Handset의 통화기능을 비행 전에 점검한다. 특히 객실사무장 및 방송담당 승무원은 PA 기능 및 음량상태를 점검하고 다른 승무원이 Monitor(기장방송 포함)하도록 하여 기내방송효과를 극대화할 수 있도록 한다.

Master Call Light Display 구분

- Blue: 승객 좌석에서의 호출
- Red(Pink): 조종실이나 다른 승무원의 호출
- Amber: 화장실에서의 호출

■ Entertainment 시스템

- 기내에서 승객에게 제공되는 기내 상영물과 관련하여 오디오/비디오 서비스 시스템 및 비디오 스크린과 모니터 등의 기능과 상태를 점검한다.

5) Catering Item 점검

- 각 갤리 Duty는 해당노선에 필요한 서비스 기물, 서비스 물품 및 기내식의 탑재 내역을 최종 확인하고 객실부사무장에게 보고한다.
- Carrier Box, Cart, Compartment 외부에 기재되어 있는 품목 및 기내식 보안을 위한 Seal번호를 확인한다.
- 객실사무장은 항공기 장비/시스템/설비의 이상이나 Catering Item의 미탑재 등으로 인한 항공기 출발 지연 시, 기장 및 담당 직원에게 즉시 통보하여 필요한 조치가 즉각 이루어지도록 해야 한다.

2. 승객 탑승 준비

- 승객이 탑승을 시작하기 전에 각 승무원은 담당 구역에 Stand By(약 2~3분 전) 한다. 이때 담당구역의 Overhead Bin을 열어두어 승객 탑승 시 비어 있는 Overhead Bin을 쉽게 찾을 수 있도록 한다.
- 객실사무장은 승객 탑승과 하기 시 Boarding Music을 ON하며, Boarding Music이 은은하게 들릴 수 있도록 Volume을 조절한다.

승객 탑승~이륙 전 안전보안업무

Chapter

7 승객 탑승~이륙 전 안전보안업무

제1절 | 승객 탑승 시 안전보안업무

1. 좌석 안내

- 승객 탑승은 통상 비행 출발 약 15분(국내선)~40분(국제선 대형기) 전부터 시작되며, 이때 승무원은 각자 정해진 구역(Zone)의 위치에서 탑승하는 승객에게 환영 인사와 함께 탑승권에 기입된 좌석을 안내하고 승객 휴대 수하물 보관 정리에 협조한다. 해당편에 좌석 여유가 있는 경우라도 원칙적으로 승객의 탑승권에 기입된 좌석에 착석하도록 안내한다.

- 항공기 출입 인원 확인 및 의심스러운 승객(Suspicious Passenger) 발견 시 보고하고, 탑승권상의 날짜와 편명을 정확히 확인한다.

✈ 승객 탑승 Priority

Stretcher 승객이나 다른 운송제한 승객(UM, 휠체어 승객)이 있을 경우, 운송 직원의 요청에 따라 일반 승객이 탑승하기 직전 기내 탑승이 먼저 실시된다. 일반적으로 국제선의 경우 일등석과 비즈니스석의 전용 탑승구가 따로 설치되어 있어 일반석 승객의 탑승은 객실 후방 승객이 먼저 탑승하도록 안내방송을 실시하고 있다.

탑승 거절이 가능한 승객

다음에 해당하는 승객이 발견되는 경우, 객실사무장은 기장에게 통보하고, 운송책임자와 협의 절차를 거쳐 탑승여부를 결정하게 된다.
- 만취한 상태이거나 약물에 의한 영향을 받은 것으로 보이는 승객
- 전염병을 앓고 있는 승객
- 정신적으로 불안정하여 타인을 위해할 우려가 있는 승객
- 타인에게 불쾌감을 주는 특성을 보이는 승객

- 담당구역에 노약자나 어린이, 비동반 유아(UM), 환자, 장애승객 및 유아 동반 승객 등 승무원의 도움이 필요하다고 판단되는 승객들을 적극적으로 안내한다. 이때 특히 장거리 비행인 경우, 몸이 불편한 승객이 없는지 주의 깊게 살핀다.

✈ 도움이 필요한 승객을 위한 탑승 안내

- 좌석 안내 및 수하물 보관에 협조한다(유모차 등).
- 승무원 호출 버튼, 좌석벨트, 좌석 사용법, 화장실 위치 및 사용방법 등을 설명한다.
- 장애 승객의 경우, 승객의 요구에 협조한다.

아기를 동반한 승객

- 보호자만 벨트를 착용하고 아기는 벨트 밖으로 안도록 안내한다.
- 유아용 요람 장착 및 특별식 주문 여부를 미리 확인한다.
- 비행 중 사용할 비닐 백을 미리 제공한다.
- 좌석을 구매한 경우에 한해 기내 유/소아 안전의자의 사용이 보장되며, 사용 시 좌석벨트를 사용하여 승객 좌석에 단단히 고정시켜 이착륙 시 움직이지 않도록 해야 한다. 단 통로측, 비상구, Overwing Exit 앞뒤 좌석은 어린이 안전의자(Child Restraint System)가 허용되지 않는다.

- Double Seat – 두 명의 승객 좌석이 중복된 경우, 먼저 승객의 탑승권을 보고 날짜, 편명, 이름, 좌석 번호 등을 확인한다. 좌석 중복 배정으로 판명될 경우에는 우선 승객에게 정중히 사과하고 나중에 탑승한 승객에게는 가까운 승무원 좌석에서 잠시 기다리도록 안내한다. 객실사무장에게 보고하여 지상직원으로부터 좌석 재배정을 받은 후 재배정된 승객을 안내한다.
- 비상구 좌석 – 비상구 주변 좌석에 만일의 비상탈출 시 도움이 될 수 있는 적합한 승객의 탑승 여부를 확인하고 해당 승객에게는 비상시에 대비하여 비상구 좌석 착석에 관한 브리핑을 실시한다. 항공기 Door Close 전 객실사무장에게 이상 유무를 보고한다.

 비행기 비상구 좌석, 소방 · 경찰 · 군인에 우선 배정

국민의힘과 정부가 오는 31일부터 비행 중 개방이 가능한 일부 항공기 비상구 옆 좌석을 소방관 · 경찰관 · 군인에 우선 배정하는 방안을 시행하기로 했습니다.

당정은 오늘(13일) 국회에서 '항공기 비상문 안전 강화대책 당정협의회'를 열고 이 같은 내용이 담긴 대책안을 발표했습니다.

박대출 국민의힘 정책위의장은 "기술적인 문제를 개선하기까지는 적잖은 시간이 걸릴 것으로 예상됨에 따라 우선적으로 제복 입은 승객이나 항공사 승무원 등에게 비상구 인접 좌석을 우선 배정하는 방안을 시행한다"고 밝혔습니다.

적용 대상은 지난 5월 발생한 아시아나 항공기 비상구 개방 사건과 같은 사고가 발생할 수 있는 3개 기종 38대, 총 94개 비상구 옆 좌석입니다. 항공사는 아시아나항공, 에어서울, 에어부산, 에어로케이 등 4곳입니다.

38대의 해당 기종은 사전 온라인 예매 시 비상구 좌석 선택을 하게 되면 '소방관 · 경찰관 · 군인에 우선 배정된다'는 고지가 뜨고, 현장에서 신분증을 확인해 배정하게 됩니다. 현장 판매 시에는 소방관 · 경찰관 · 군인에게 우선 판매하되, 이후에는 일반 승객에게도 판매할 예정입니다.

사고가 났던 비행기처럼 비상 개방 레버와 좌석이 매우 가까운 23개 좌석은 소방관 등의 탑승이 없을 경우 일단 공석으로 운항하기로 했습니다.

〈출처: 채널A, 2023.7.13〉

비상구 좌석 착석 승객

승객브리핑(Passenger Briefing)/승객 안전브리핑 카드(Passenger Safety Briefing Card)

비상구 주변 좌석에 착석하는 승객은 만일의 사태에 대비하여 비상시에 승무원을 도울 수 있는 승객으로 제한하여 배정해야 한다. 즉 여성이나 노약자, 어린이보다는 건장한 남성 위주로 좌석배정을 하도록 하며, 객실승무원은 승객의 탑승 직후부터 항공기의 Push Back 이전에 비상구 좌석에 배정된 승객의 적정성을 확인한다.

만일 비행 중 긴급 탈출을 해야 하는 상황이 발행하면 비상구 주변 좌석 착석 승객은 승무원에 협조하고 지시에 따라야 한다는 내용이 항공사 내부규정에 나와 있다. 이는 '비상구 좌석 협조 요청사항', '비상구 좌석 행동 요령'이라고 되어 있는데 비상상황이 발생하면 승객이 탈출할 수 있도록 승무원의 구두 및 수신호에 따라 행동하고 객실승무원을 도와야 한다는 것이 주된 내용이다.

- 우선 승무원이 비상구를 개방하고 탈출용 미끄럼대가 완전히 펼쳐질 때까지 다른 승객 들이 밖으로 나가지 못하도록 막고,
- 탈출용 미끄럼대가 완전히 펼쳐지면 제일 먼저 항공기 아래로 내려가고 나서,
- 뒤따라 내려오는 승객들을 받쳐주는 일을 한다.
- 그리고 탈출한 승객들을 기체의 폭발에 대비하여 안전한 지점으로 피신하라고 큰 소리 로 외치면서 유도한다.
- 그 외 필요한 사항은 시점에 따라 승무원의 구체적인 지시에 협조한다.

이 좌석 배정의 우선순위는 교대근무를 위한 추가 탑승승무원이고 그 다음이 항공사 직원, 그리고 승객 중에서 비상시 승무원의 지시에 따라 비상구를 작동하고, 다른 승객들 의 이동을 도울 수 있는 신체 건강한 승객으로 이어진다. 단 승무원의 지시에 협력할 의사가 있는 사람이어야 하며 안전규칙 내용과 한국어 또는 영어를 이해하지 못하는 승객, 청력, 시력, 언어장애가 있는 승객은 본인이 원하더라도 그 좌석에는 앉힐 수 없다. 따라서 비상구 주변 좌석은 사전 좌석 예약이 불가능하고 반드시 공항 현장에서 승객을 확인 후 배정하고 있으며 환자, 15세 미만의 어린이, 노약자, 유아동반 승객, 신체 부자유 자 등은 배정하지 않고 있다.

승객응대(Passenger Handling)

운송제한승객

운송제한승객(R.P.A.승객 : Restricted Passenger Advice)은 항공사 측이 항공기의 안전상 또는 승객의 심신상의 이유로 항공사가 정한 일정 조건에 의해 운송하는 승객을 말하며, 비행 중 승무원의 세심한 서비스가 필요하다.

비동반 소아(UM : Unaccompanied Minor)

생후 5세 이상, 만 12세 미만의 소아가 성인 동반자 없이 여행하는 경우이며 혼자 여행하는 데 대한 불안한 마음을 가지고 있으므로 비행 중 승무원의 따뜻한 배려가 필요하다.

- 식사 서비스 때 기내식에 관한 내용을 설명하고 관심을 가진다.
- 어린이 Giveaway를 제공한다.
- 비행 중 불편한 점이 없는지 수시로 관심을 갖고 돌본다.
- 착륙 전 소지품을 확인하고 수하물 정리에 도움을 준다.

유아 동반 승객의 경우

- 유아승객 적용범위는 국제선인 경우 생후 14일부터 2세 미만, 국내선인 경우 생후 7일부터 2세 미만이다.
- 비행 중 불편한 점이 없는지 수시로 관심을 가지고 협조한다.
- 수유, 유아식 제공, 보호자 화장실 이용 시 협조한다.
- 입국 서류 작성에 협조한다.
- 착륙 전 수하물 정리에 협조한다.

보행 장애 승객

자력으로 이동이 가능하나 긴급사태 발생 시 타인의 도움 없이는 탈출이 곤란한 승객으로, 일반적으로 Wheelchair 승객을 말한다.

- 비행 중 불편한 점이 없는지 수시로 살핀다.
- 착륙 전 수하물 정리에 협조한다.
- 필요시 착륙 전 Wheelchair의 사전 대기 요청을 하고, 하기 때 Wheelchair 이용 때까지 협조한다.

맹인(Blind)

성인 승객 또는 맹인 인도견이 동반하는 경우는 정상 승객과 동일하게 운송되나 비동반 맹인의 경우는 운송제한 승객으로 분류된다.

- 성인 동반자가 없는 경우 담당 승무원은 기내 시설물 사용법, 위치 및 기타 필요한 정보를 안내한다.
- 비행 중 불편한 점이 없는지 수시로 살핀다.
- 식사 서비스 때 기내식에 관한 내용을 설명하고 필요시 협조한다.
- 입국 서류 작성에 협조한다.
- 착륙 전 도착 시간, 날씨 및 연결편 등을 안내한다.
- 하기 때 수하물 정리에 협조한다.

TWOV(Transit without Visa)

중간 기착지 국가의 입국 비자가 없는 통과승객을 말한다. TWOV 승객의 운송을 허용한 항공사는 제3국으로 출발 시까지 TWOV 승객에 대한 책임을 진다. 지상직원은 승객의 목적지 국가의 입국에 필요한 여권과 서류를 봉투에 담아 사무장에게 인계하며, 서류봉투는 목적지에 도착하기 전 승객에게 돌려준다.

2. 수하물 안내

■ 수하물 운송 규정

● 승객의 짐은 세관, 보안검사 후 기내 휴대가능 품목과 휴대제한 품목으로 분류된다.

● 휴대수하물은 원칙적으로 기내에서 승객이 직접 관리하도록 하며, 부득이 비행 중 승무원에게 보관을 부탁한 위탁물품은 승객 하기 때 승객에게 반환한다. 승객이 부탁한 냉장물품 및 기타 보관물품은 중간 기착지 등 승무원 교대 시점에서 반드시 승객에게 반환하고 다음 교대 승무원에게 다시 맡기도록 한다.

● 휴대제한 품목은 지상직원에 의해 따로 분류되어 화물칸(Cargo)에 탑재되어 목적지 공항에서 찾을 수 있는 품목을 말한다. 승객 탑승 때 초과 휴대수하물이 발견될 경우, 해당 승객에게 초과 수하물의 기내 반입이 불가함을 설명하고 출발담당 운송 직원에게 화물실 탑재 조치를 요청하여 승객의 최종 목적지까지 일반화물로 보내도록 조치한다.

● 비행안전상 위탁수화물은 승객이 탑승하지 않으면 무조건 하기한다.

■ 수하물 점검 및 보관상태 확인

● 승객의 과다 수하물은 비상사태 발생 시 비상구나 통로를 막아 승객의 신속한 탈출에 방해요인이 될 수 있으므로 비상구 주변(Door Side)이나 객실 통로 주변에 짐이 방치되지 않도록 한다. 또한 규정에 맞지 않거나 정해진 위치에 보관되지 않은 수하물은 비행 중 기체요동이 발생하는 경우 승객 부상의 원인이 될 수 있으므로 규정된 휴대수하물 관리가 중요하다.

● 가벼운 물건은 선반 위에 보관하도록 하나 무거운 물건, 깨지기 쉬운 물건은 좌석 밑에 보관하여 승객의 안전에 유의한다. 또한 선반에서 떨어지는 물건에 의해 발생하는 부상을 방지하기 위해 선반을 열고 닫을 때 항상 주의해야 한다.

● 부피가 큰 물건은 Tag을 이용하여 Coat Room에 보관한다.

✈ 수하물 규정

무료 휴대수하물(Carry-on Baggage)

승객이 자신의 관리책임하에 기내까지 직접 휴대하는 수하물을 말하며, 통상 Carry-on Baggage, Hand Carried Baggage라고 칭한다. 이는 승객 좌석 밑이나 기내 선반에 올려놓을 수 있는 물품이어야 하며, 운송 중 승객이 직접 보관 관리하고 파손 및 분실 등에 대해 항공사는 책임지지 않는다. 무료 휴대수하물의 허용량은 승객의 좌석 공간을 고려하여 기내 휴대가 가능한 크기인 세 면의 합계가 115cm 이내인 수하물 1개로 그 크기와 수량이 제한되나 등급별로 약간의 차이가 있다(일등석, 비즈니스석의 경우 수하물 2개 허용).

제한적으로 기내반입이 가능한 품목

무료 휴대수하물 외에, 코트, 카메라, 서류가방, 핸드백, 지팡이, 유아용 요람, 소형 악기, 목발(스쿠버 장비 불가) 등은 휴대수하물에 추가 허용되며, 소량의 개인용 화장품, 유소아용 음료수, 음식물, 여행 중 필요한 의약품 등은 반입이 가능하다. 또한 개인적 목적으로 사용하기 위한 1개 이하의 라이터 및 성냥도 기내휴대가 가능하다(단 라이터, 성냥의 기내 반입은 출발지 국가별 규정이 다를 수 있다). 그 외 여행 중 필요한 의약품, 항공사 승인을 받은 의료용품, 드라이아이스 등과 기내 반입 휴대수하물 규격을 초과하는 의료용 수송 Unit, Incubator 등도 사전 절차에 의거, 기내로 운송할 수 있다.

위탁수하물 탁송제한 품목(휴대만 가능)

위탁수하물에 포함될 수 없으며, 필요시 직접 휴대해야 하는 품목으로서, 이러한 물품의 운송 도중 발생한 파손, 분실 및 인도 지연에 대하여 항공사는 책임이 없다. 노트북 컴퓨터, 핸드폰, 캠코더, 카메라, MP3 등 고가의 개인 전자제품, 화폐, 보석류, 귀금속류, 유가증권류, 기타 고가품, 견본류, 서류, 도자기, 전자제품, 유리병, 액자 등 파손되기 쉬운 물품, 음식물과 같이 부패성 물품 등이 여기에 속한다. 또한 자전거, 서핑보드와 같은 스포츠 용품이나 애완동물 등 특수물품은 사전에 반드시 항공사에 알려야 한다.

제한 품목(SRI : Safety Restricted Item)

출발 수속 중 보안검색을 통해 발견된 총포류, 칼, 가위, 송곳, 톱, 골프채, 건전지 등 타 고객에게 위해를 가할 수 있고, 인명 또는 항공기 안전 및 보안을 위해할 가능성이 있는 물품으로, 기내 반입이 불가하며 위탁수하물에 넣어 탁송해야 한다. 엑스레이 통과 시 발견되는 이러한 물품은 직원에 의해 수거되며, 승객은 목적지 도착 후 공항수하물 찾는 곳에서 찾을 수 있다.

운송 금지 품목(반입, 탁송 모두 금지)

항공 운항 안전상의 이유로 다음과 같은 폭발성 물질, 인화성 액체, 액화/고체 가스, 인화성 고체, 산화성 물질, 독극성, 전염성 물질 등은 위탁 및 휴대수하물로 모두 불가하다.

- 페인트, 라이터용 연료와 같은 발화성/인화성 물질
- 산소캔, 부탄가스캔 등 고압가스 용기
- 총기, 폭죽, 탄약, 화약, 호신용 최루가스 분사기 등 무기 및 폭발물류
- 기타 탑승객 및 항공기에 위험을 줄 가능성이 있는 품목

독극물, 부식성 물질, 방사능물질, 자기성 물질, 유해 자극적 물질 등 탑승객 및 승무원, 항공기 탑재물에 위험을 줄 가능성이 있는 품목

탑승 전 기내반입금지 물품 확인

총기류 및 구성부품 　전자충격기 및 퇴치 레이 　뾰족하거나 날카로운 물체 　공구류

둔기 및 스포츠용품 　인화성 물질 　액체·분무·겔류

〈출처: 객실내 반입금지물품, 항공보안 365 https://www.avsec365.or.kr/ 참조〉

기내 반입 금지 물품 기준

항공기 이용 시 안전에 위협이 될 수 있는 물품들은 기내 반입이 금지되어 있으며 기내
반입 기준은 다음과 같다.

[액체류]

■ **액체, 스프레이, 젤 형태의 화장품, 세면용품(치약, 샴푸 등) 또는 의약품류 등**

→ 기내 휴대 불가능

　(단, 개별 용기당 100㎖ 이하로 1인당 1L 비닐 지퍼백(20.5cm*20.5cm/15cm*25cm)
　1개에 한해 반입 가능하며, 국내선은 제한 없음)

→ 위탁수하물 가능

　(단, 인화성이 없는 스프레이류는 항공위험물운송기준에 따라 총 2kg(2L) 범위 내에
　서 1개당 500g(500ml) 이하로만 반입 가능)

■ **고추장/김치 등 액체가 포함되어 있거나 젤 형태의 음식물류**

→ 기내 휴대 불가능

　(단, 개별 용기당 100㎖ 이하로 1인당 1L 비닐 지퍼백(20.5cm*20.5cm/15cm*25cm)
　1개에 한해 반입 가능하며, 국내선은 제한 없음)

→ 위탁수하물 가능(용량 제한 없이 가능)

[위해물품]

■ **창 · 도검류 등**

→ 기내 휴대 불가능

→ 위탁수하물 가능

　(단, 둥근 날을 가진 버터칼, 안전날이 포함된 면도기, 안전면도날, 전기면도기 및
　기내식 전용 나이프(항공사 소유)는 기내 휴대 반입 가능)

■ **전자충격기, 총기, 무술호신용품 등**

→ 기내 휴대 불가능

→ 위탁수하물 가능

　(단, 위탁수하물로 반입할 경우, 해당 항공운송사업자에게 총기소지허가서 또는 수출입허
　가서 등 관련서류를 확인시키고, 총알과 분리한 후, 단단히 보관함에 넣은 경우에만 가능)

　(총기류 부품 중 조준경은 기내 휴대 및 위탁수하물 반입 가능)

■ **공구류(망치, 렌치 등)**

→ 기내 휴대 불가능

→ 위탁수하물 가능

　(단, 위탁수하물로 반입할 경우, 해당 항공운송사업자에게 총기소지허가서 또는 수출입허
　가서 등 관련서류를 확인시키고, 총알과 분리한 후, 단단히 보관함에 넣은 경우에만 가능)

　(총기류 부품 중 조준경은 기내 휴대 및 위탁수하물 반입 가능)

[위험물]

■ **리튬이온배터리 등**

→ 기내 휴대 가능

    – 여분배터리 100Wh 이하 : 제한 없이 가능

    – 여분배터리 100Wh 초과~160Wh 이하 : 항공사 승인하에 기내 휴대로 1인당 2개 반입 가능

    – 여분배터리 160Wh 초과 : 반입 불가

위 기준은 항공사마다 상이하므로 각 항공사에 문의 필요

→ 위탁수하물 불가능

■ **인화성 가스액체, 방사능물질 등**

→ 기내 휴대 불가능

→ 위탁수하물 불가능

〈출처: 인천국제공항 홈페이지, 항공보안 365 사이트 참조, 발췌요약〉

1. Door Close

Push Back은 항공기 운항을 위해 견인차량으로 항공기를 견인하는 작업을 말한다. 객실사무장은 승객 탑승 중 지상직원으로부터 탑승완료 시점을 통보받은 즉시 기장에게 알려 출발에 필요한 조치를 취하도록 한다.

승객 탑승 완료 후 지상직원으로부터 승객과 화물, 운송 관련 서류(Ship Pouch), 입국 서류를 인수받고 Door Close 연락을 받으면 기장에게 탑승객 수, 특이사항 등을 보고하고 기장의 동의하에 Door를 Close한다.

 Ship Pouch

> Ship Pouch는 출발 전 객실사무장이 지상직원으로부터 인수받아 목적지 공항에 인계하는 서류가방을 말한다. 객실사무장은 출발 전 지상직원으로부터 여객 및 화물운송 관련 서류, Flight Coupon, 제한품목, TWOV/UM 관련서류, 부서 간 전달서류 등의 Ship Pouch를 인수하여 내용물을 확인하고 도착지 입국서류의 탑재 및 충분량을 점검한다.

객실사무장은 Door Close 전 아래의 사항을 확인한다.
- 승무원 및 승객의 숫자 확인(화장실 내 승객 유무 확인)
- Ship Pouch의 이상 유무 확인
- 추가 서비스 품목 탑재 확인
- Weight & Balance의 Cockpit 전달 확인
- 지상직원의 잔류 여부 확인

> **객실준비 완료**
>
> 승객 탑승 완료 후 객실사무장은 다음 사항이 완료되었는지 확인하고 지상직원에게 '객실준비 완료'를 통보하고, 기장에게 보고 후 Door Close한다.
> - 승객 탑승 완료 확인
> - Overhead Bin 닫힘상태 확인
> - 휴대수하물 점검 및 보관상태 확인
>
> **Overhead Bin**
>
> 승무원은 Overhead Bin을 열고 닫을 때 승객의 부상이 발생하는 경우가 있으므로 항상 주의를 기울여야한다. 안에 보관되어 있는 물건이 떨어질 우려가 있으므로 한 손으로 천천히 열면서 다른 한 손으로는 떨어질 수 있는 물건에 대비하도록 한다.
> Overhead Bin 보관 가능한 적정 사이즈 및 무게를 초과하거나, 술병, 철제카트 등 낙하 시 위해할 수 있는 물품은 보관 불가능하다. Overhead Bin의 최종 정리는 승무원이 하며, 쌓여 있는 짐이 떨어지지 않도록 잘 정리해 둔다.

2. Safety Check

Safety Check는 비상시 대처할 수 있도록 Door의 Slide Mode를 변경해 놓는 것을 말한다. 즉 Door Close 후 Boarding Bridge 또는 Trap이 항공기와 분리된 직후, 사무장의 방송에 따라 각 Door별로 승무원 좌석에 착석하는 담당 승무원이 비상시 슬라이드를 이용한 탈출에 대비하여 Door Slide Mode를 정상위치에서 팽창위치로 변경한다.

객실승무원은 사무장의 Safety Check PA 방송에 따라 Slide Mode를 팽창위치로 변경 후 L Side, R Side 승무원이 상호 점검하고 객실사무장에게 최종 보고한다.

- **정상위치(Disarmed Position)**

Girt Bar가 항공기 Slide Bustle에 고정되어 있는 상태로, Door Open을 해도 Slide가 팽창되지 않는다.

■ 팽창위치(Armed Position)

Girt Bar가 항공기 Door 문틀에 고정되어 있는 상태로 비상탈출 시 문을 개방하면 Escape Device가 자동으로 펼쳐지게 되어 있는 상태이다.

Bridge가 항공기에서 분리될 때부터 접현할 때까지 항공기의 모든 Door Slide Mode는 팽창위치에 있어야 한다.

🔼Airbus기종 Slide Mode 변경 lever   🔼Boeing기종 Slide Mode 변경 lever

 Girt Bar

Escape Device를 항공기에 고정시키거나 분리하는 데 사용되는 금속막대

Slide Bustle

Escape Device를 보관하고 보호하기 위해 항공기 Door에 장착되어 있는 Hard Case

Door Mode 변경 순서

1. 사무장의 지시
   객실사무장은 Bridge(Step Car)가 항공기로부터 분리될 때 PA를 사용하여 Door Mode 선택 레버를 정상위치(Disarmed Position)에서 팽창위치(Armed Position)로 변경하도록 객실승무원에게 지시한다.

2. Door Mode 변경 및 승무원 상호 확인
   객실승무원은 Door Mode 선택 레버를 팽창위치로 변경하고 승무원 간에 상호 확인한다. Slide Mode 변경 후 Cross Check 시 손가락으로 각자의 Slide Lever를 가리킨다.

3. All Attendant Call에 응답
   Door Mode 변경 시 사무장의 All Attendant Call에 응답하는 것은 Door Mode 변경 사실 이외에 담당 Zone의 Push Back 준비완료 단계를 보고하는 포괄적인 절차이다.

객실사무장은 Push Back 전 아래의 객실준비사항을 확인한다.

- 승객 좌석벨트 착용상태 확인
- 승객 좌석 등받이, Table 및 Armrest 원위치
- 승객 휴대수하물 및 기타 유동물질 고정
- 야간 비행일 경우 독서하는 승객의 Reading Light On
- Door Side 및 Aisle Clear 상태 확인

 Push Back 준비 완료상태

객실사무장은 다음의 객실준비사항을 재확인한 후 기장에게 'Push Back 준비완료(Cabin is Ready for Push Back)'를 구두 보고한다.
- 승객 착석 및 좌석벨트 착용 상태(Door Close 전 화장실 내 승객 유무 확인)
- 승객 좌석 등받이, 개인용 Monitor, Tray Table, Footrest 원위치 상태
- 휴대수하물의 정위치 보관 및 Overhead Bin 닫힘상태
- 갤리 상태(모든 Serving Cart의 정위치 보관 및 Locking 상태) 확인
- 비상구 좌석 착석 상태
- 모든 Door의 Close 및 Slide Mode 변경 여부

3. Taxi-Out 중

1) Welcome 방송

항공기 출입문을 닫고, Safety Check를 실시한 직후 방송 담당자가 Welcome 방송을 실시한다.

2) Safety Demonstration

Welcome 방송에 이어 항공기가 Push Back한 직후 객실승무원은 비행 안전 및 비상시를 대비한 구명복 및 산소마스크의 사용법을 비디오 상영하거나 실연으로 직접 시범을 보인다. 장비가 설치되어 있지 않거나 상태가 불량한 경우는 방송담당 승무원이 육성으로 방송을 실시하고 담당 Zone 승무원이 비상구 좌석 주변에서 직접 Safety Demo를 실연하여 시범을 보인다. 이는 항공 규정에 의한 항공사의 의무 규정이다.

비상시 승객이 사용하게 될 비상구 위치, 좌석벨트, 산소마스크와 구명복에 대한 사용법을 설명함으로써 예기치 않은 기류변화 등 비상사태에 대비하도록 시범 및 비디오 상영을 통해 안내하며 비행 중 필요시 수시로 좌석벨트 안내방송 등을 실시한다.

Safety Demo는 Multi-Portion인 경우 중간 기착지에서 신규 탑승한 승객 여부에 관계없이 모든 구간에서 실시하며, Diversion과 회항 후 재출발 시에도 실시한다.

■ 실시 내용

- 좌석벨트 사용법
- 비상탈출구 위치
- 구명복 위치 및 사용법
- 산소마스크 위치 및 사용법
- 금연 안내
- 전자기기 사용 금지 안내

■ 실시 요령

- Safety Demo를 스크린으로 상영 시 승무원은 Jump Seat에 앉아 있거나 그 주변에 Side Wall에 비켜 서 있는다.
- 객실승무원이 실연을 하는 경우, 지정된 위치에서 Safety Demo 내용이 확실히 전달될 수 있도록 정확하고 절도 있는 동작으로 실시한다.
- Safety Demo가 끝난 후 객실승무원은 Life Vest를 착용한 채로 담당 구역 별로 Aisle을 통과하며, 승객의 벨트 착용을 확인한다.
- 담당 구역에서 UM, 장애 승객, 노인 승객 등 비상탈출 시 도움을 필요로 하는 승객 및 객실구조상 Demo를 볼 수 없는 좌석에 착석해 있는 승객에 게는 개별 브리핑을 실시한다.
- Safety Demo가 효과적으로 전달되도록 객실조명을 조절한다.
  - 승무원 실연 시 : Full Bright
  - Film 상영 시 : Dim(어둡게 조절한다.)

4. 이륙 전

1) 이륙 전 준비(Cabin Ready)

승무원은 이륙 준비를 위해 담당 구역별로 비행 안전에 대비한 안전점검사항을 재확인한다. 항공기의 이착륙 때 모든 승객 및 승무원들은 착석하여 좌석 벨트를 반드시 착용해야 하고, 다음과 같은 안전과 관련된 제반 사항을 승객 좌석, 객실 및 갤리별로 철저히 수행해야 한다.

■ 승객 좌석
- 승객의 착석 및 좌석벨트 착용을 점검한다. 이때 취침 중인 승객은 깨워 벨트를 착용하도록 하고, 승객 테이블의 유리잔 등은 회수한다.
- 비상시 유아는 따로 벨트를 착용하지 않고 보호자가 벨트를 맨 뒤 감싸 안는다. Baby Bassinet은 이착륙 시에는 사용이 금지되어 있으며, 반드시 장탈하여 보관한다.
- 좌석 등받이, Tray Table, Monitor, Armrest, Footrest 등 정위치
- 승객 휴대수하물 및 유동물건 고정
- 전자기기 사용 금지 안내 및 확인

 승객 좌석 위에 Retractable Monitor, Retractable Screen 그리고 통로 측에 돌출되어 비상탈출에 지장을 주는 Monitor와 Screen 등이 탑재, 장착된 경우 승객 탑승, 하기, 이착륙 시 원위치한다.

■ 객실
- 화장실 점검 및 승객의 사용 여부 확인
- 각 Compartment Locking, 화장실 내부 비품 및 변기 덮개 고정
- 비상구 주변 정리, Door Side 및 Aisle의 Clear
- 객실 내의 시설물 안전상태 및 유동물 점검(Overhead Bin 닫힘상태)
- 객실 조명 조절
  야간 비행 때 승객의 독서등을 안내하고, 이륙 전 객실 조명을 Dim상태로 하는 등 안전과 관련된 제반사항에 맞도록 적절하게 조절한다.

기내표준신호

기내에서 기내표준신호인 차임벨 소리는 일종의 커뮤니케이션 도구로 쓰이고 있다. 이륙 직전, 10,000ft에 도달하였을 때, 난기류가 예상될 때, 착륙을 위해 접근 중일 때, 착륙했을 때 등 항공기 기종, 항공사마다 차임벨 울리는 횟수가 약간씩 다르지만 차임벨 소리와 횟수로 적정 시점을 확인할 수 있다.

구 분	표준신호	대 응
Interphone Communication	Chime 1회	가까운 Handset을 받는다.
Take-off	Fasten Seat Belt Sign 3회 점멸 후 On	승객 및 승무원 착석 객실 내 이륙준비
Turbulence	Fasten Seat Belt Sign 1회 점멸	Severe한 경우 2회
Approaching	Fasten Seat Belt Sign 3회 점멸 후 Off	객실 내 착륙 준비
Landing	Fasten Seat Belt Sign 3회 점멸 후 On	객실 내 착륙 준비 승객 및 승무원 착석

▪ Galley

● Galley 내의 탑재 물품, 모든 Compartment, Cart 등 유동물건의 닫힘, 잠김 상태 확인(Locking & Latching)
● Galley Curtain 고정

이륙준비 완료

객실사무장은 Take-off Signal(Fasten Seat Belt/Chime 3회)이 나오면 다음 객실 준비 사항을 재확인하고 이륙 안내방송을 실시한 후, 기장에게 '이륙준비완료'를 보고한다.
● 객실 및 Galley 내 유동물 고정
● 승객 좌석의 원위치(좌석 등받이, Footrest, Tray Table, 개인용 Monitor 등)
● 승무원 착석상태(좌석벨트, Shoulder Harness 착용)

이착륙 시 조명

통계적으로 비행기의 사고는 이착륙할 때 발생할 확률이 매우 높으며, 만일의 경우 항공기에 비상사태가 발생하면 객실은 암흑이 된다. 특히 야간 비행에서 비상탈출을 해야 하는 사태가 발생하게 되면 승객과 승무원 모두 항공기 밖으로 탈출해야 되는데 그 경우 밝은 객실에 있다가 갑자기 깜깜해져서 아무것도 안 보일 수도 있다.

그러므로 만약 발생할 수 있는 비상사태 시 시야 확보에 도움을 주기 위하여 항공기 사고위험이 높은 이착륙 시의 객실 내 조명을 Dim으로 조절한다. 객실 실내등을 희미하게 해두면 비상시 탈출하는 데 몇 초라도 시간을 벌 수 있을 것이다.

착륙 때의 소등은 비상시를 대비한 '암순응(暗順應, dark adaptation)'을 위해서이다. '암순응'은 밝은 곳에서 어두운 곳으로 들어가거나 갑자기 정전됐을 때처럼 처음에는 잘 보이지 않다가 시간이 지남에 따라 차차 보이기 시작하는 현상을 말한다. 예를 들어 밤에 객실 조명을 밝게 켠 채 착륙하다가 비상상황이 발생하면 승객을 급히 밖으로 탈출시켜야 하는데 이때 갑자기 어두운 바깥으로 나온 승객들은 암순응을 하는 데 시간이 걸려 초기에 앞이 잘 보이지 않아 우왕좌왕하게 될 가능성이 높다. 따라서 야간에 착륙할 때 미리 객실 내 조명을 어둡게 해서 암순응을 앞당겨야 유사시 밖으로 나가서도 시야 확보가 상대적으로 수월해질 수 있기 때문이다.

이는 국제항공운송협회(IATA, International Air Transport Association)의 객실안전가이드에 규정된 사항으로 착륙 시점의 시간대에 따라 밝은 시점에는 밝은 조명을, 어두운 시점에는 시설물 확인이 가능한 수준에서 어두운 조명으로 조절하게 되어 있으며 비상탈출 시는 물론 일반 하기 때에도 승객의 눈이 환경에 빨리 적응할 수 있도록 하기 위해서라는 설명이다.

FAA(미국연방항공청)와 EASA(유럽항공안전청)에서는 항공기에 대해 형식증명을 내줄 때 "승객과 승무원 전원이 90초 이내에 밖으로 탈출할 수 있는 것을 증명해야 한다"라고 되어 있다. 실제로는 먼저 비상구를 치우고 미끄럼대(Escape Slide)를 펼치는 데만 적어도 15초가 걸린다고 한다. 또 상황에 따라 문제가 있을 수도 있으므로 모든 비상구를 사용할 수 있는 것도 아니다. 더욱이 야간의 경우 객실 내부는 조명이 꺼지고 나면 캄캄해지므로 신속히 탈출하는 데 여간 어려운 게 아니다. 그러므로 사고발생률이 높은 이착륙 시 기내조명을 어둡게 조절함으로써 승객과 승무원의 시야 확보는 물론, 비상구 표시등을 더욱 돋보이게 해서 신속히 탈출하도록 하기 위한 것이다.

기내 전자기기 사용

전자기기에서 나오는 전자파가 항공기 전자시스템에 영향을 줄 수 있다는 우려 때문에 고도 1만 피트 이하에서는 항공기 내 전자기기 사용이 금지되어 왔으나, 2014년 3월부터 비행기모드로 설정한 스마트폰 등 휴대용 전자기기의 사용이 항공기 이착륙을 포함한 모든 비행단계에서 가능하다.

2) 승무원 착석

최종적으로 이륙을 위한 안전 점검이 끝난 전 승무원은 담당 구역별로 각자 기종별로 지정된 위치에 착석한다. 승무원은 Jump Seat에 착석할 때, 신체를 고정시킴으로써, 충격에 의한 부상을 예방하거나 최소화하기 위해, 좌석벨트와 Shoulder Harness를 반드시 착용한다. 승무원은 이착륙 시 좌석에서 30 Seconds Review(Remind)를 실시한다.

---

 30 Seconds Review

The Silent Review (or 30 Seconds Review(Remind))

객실승무원들에게는 'Critical 11' 중에서도 이·착륙 시 각각 30초씩 시행하는 'Thirty Seconds Review(Remind)'라 불리는 '침묵의 30초'라는 것이 있다. '30 Seconds Review (Remind)'란 항공기 이착륙 시 객실승무원이 좌석에 앉아 있는 동안 현 단계에 발생 가능한 비상사태를 스스로 가상하고 비상탈출 절차를 상상하며 비상시 자신이 행할 활동을 약 30초 동안 구체적으로 생각하는 것을 말한다.

이때 승무원의 착석자세는 좌석벨트 및 Shoulder Harness를 착용하고 Jump Seat에 바짝 기대어 앉고, 양손바닥을 위로 향하게 하여 다리 밑에 고정시킨다.

30 Seconds Review(Remind)의 내용은 다음과 같다.

① 충격방지자세의 명령 : 비상시 승객의 위험을 최소화하기 위해 머리와 몸을 숙이는 자세를 취하도록 충격방지자세를 명령한다.

② 승객의 통제 : 비상사태 시의 어두운 객실, 연락 두절 등 가상의 기내상황에서 적절한 Shouting으로 승객이 승무원 지시에 응할 수 있도록 일련의 조치를 생각한다.

③ 판단 및 조정 : 비상구 및 비상장비 위치와 작동법, 비상시 도움을 필요로 하는 승객, 비상탈출 시 도움을 줄 수 있는 협조자 선정 등에 관해 생각한다.

④ 탈출지휘 및 대피 : 비상구를 개방한 후 승객들을 효과적으로 탈출시키기 위한 방법과 절차를 생각한다.

Critical 11

보잉사의 통계에 의하면 항공기 이륙 3분간 및 착륙 8분간이 항공기 사고의 78%를 차지하는 위험스러운 시점으로 이를 'Critical 11'이라고 한다.

항공기가 운항하는 과정은 기본적으로 이륙 → 상승 → 순항 → 진입 → 착륙의 다섯 단계로 나뉜다. 이륙은 항공기가 움직이기 시작하여 활주로에서 공중으로 떠올라 상승을 개시할 단계까지를 말하며, 착륙은 항공기가 공항으로 접근하여 활주로에 내린 후 완전히 정지할 때까지를 말한다. 비행시간이 아무리 길어도 이륙과 착륙 시의 11분을 뺀 나머지 시간은 이륙한 후 목적지 공항에 도착할 때까지 일정한 고도와 속도에서 순항하고 있는 가장 안정된 상태가 된다.

제트여객기가 보급되기 시작한 1959년 이후 1970년대 중반까지 TWA(2001년에 AA와 합병)가 집계, 분석한 통계에 따르면 항공기 사고는 이륙 후의 3분간과 착륙 전의 8분간을 합쳐서 11분간에 집중되어 있어 70% 이상을 점유한 것으로 밝혀졌다고 한다. 그러므로 조종사들로 하여금 이착륙 시의 긴장된 국면으로부터 조금이라도 위험요소를 배제시키고자 전사적으로 무사고 달성운동을 펼치기 시작했는데 그때의 캐치프레이즈가 바로 'Critical Eleven Minutes'였다고 한다.

그러므로 이 시간은 기장을 비롯하여 전 승무원이 가장 긴장하는 시간이며, 최근에는 이 11분간의 사고기록이 그 옛날 TWA가 집계한 통계자료보다 더 높아져서 거의 90% 수준이라고 업계 전문지는 전하고 있다.

 Sterile Cockpit Rule

지상이동 및 고도 10,000ft 이하에서 운항하는 시점을 말하며, 이 시점에서는 운항승무원의 업무에 방해를 줄 수 있는 객실승무원의 어떠한 행위도 금지한다. 그러나 비정상 상황 발생 및 비행안전상 필요하다고 판단되면 비행중요단계(Critical Phases of Flight)에서도 운항승무원에게 연락을 취할 수 있다.

- 항공기의 지상이동 및 비행고도 10,000ft 이하(약 3,000m)에서 운항하는 시점을 '비행중요단계'라고 함
- 비행중요단계(Critical phases of flight)에서는 운항승무원의 업무에 방해를 줄 수 있는 객실승무원의 어떠한 행위도 금지함
- 객실승무원은 이·착륙 시 Fasten Seatbelt Sign on/off 및 기내표준신호를 이용하여 비행중요단계의 시작과 종료를 인지하며 이때 조종실 연락을 제한하는 것을 말함

비행 중~착륙 전·후 안전보안업무

Chapter

8 비행 중~착륙 전·후 안전보안업무

제1절 | **비행 중 일상 안전보안업무**

일상 안전업무는 객실승무원이 승객과 승무원의 안전을 위하여 평상시 수행하는 제반 안전업무를 뜻한다. 실제로 항공기 사고는 예기치 않은 비상사태로 인한 사고보다는 평상시 안전업무를 소홀히 함으로써 발생되는 사고가 더 많으며, 특히 비행 중 작은 사고를 적절하고 신속하게 대처하지 않으면 엄청난 인명피해의 결과를 초래한다는 점에서 일상 안전업무는 매우 중요하다. 그러므로 객실승무원은 비행근무 중 안전규정 및 지침사항을 항상 숙지하고 준수해야 한다.

승무원은 특히 서비스 종료 후 영화상영 및 승객이 휴식을 취하는 동안 일정시간 간격으로 담당구역을 정기적으로 순회하는 Walk Around하면서 객실의 안전유지 및 승객의 욕구를 충족시킴으로써 항공여행의 쾌적성을 도모한다.

1. 객실 점검

- 객실승무원은 각자의 근무위치를 유지하며, 비행근무 중 각 담당구역을 중심으로 비상구 주변상황, 갤리, 화장실 등 객실 전체를 주기적으로 점검하며 근무에 임한다.
- 비행 중 항상 객실 내 유동물질을 점검한다. 특히 사용하지 않는 Cart, 고정장치가 없거나 정위치에 있지 않은 Cart는 보관장소에 보관한다. 또한 서비스 중 Cart를 방치한 채로 승객 좌석을 벗어나서는 안 된다.
- 비행 중 객실 내부에서 냄새나 연기 등이 감지되는지를 항상 주의 깊게 관찰하여 기내에서 발생 가능한 화재를 미리 예방한다.
- 기내 밀폐공간의 내부(화장실, 벙크, 코트룸) 상태를 점검하고 비행 중 의심스러운 승객과 이상 물건을 수시로 점검한다.

2. 안전 및 보안 점검

- 해당 항공기에 탑재된 비상/보안 장비의 위치 및 취급요령을 항상 숙지한다.
- 비행 중 조종실 출입구 주변의 보안을 유지하도록 한다. 원칙적으로 비행 중 조종실의 출입은 해당편 임무수행 중인 승무원 및 조종실 출입이 허용된 사람만 가능하며, 규정에 의한 조종석 출입절차에 따라 출입문이 개방된다.
- 객실승무원은 비행 중 승객의 불법방해행위나 위협으로부터 항공기 안전을 확보하기 위해 항상 항공보안업무에 철저히 임해야 한다.

3. 승객의 비행 중 안전사항 준수 안내

승무원의 비행 안전업무에는 비상사태의 발생을 예방 조치하는 것뿐만 아니라 비행 중 승객의 편안하고 쾌적한 여행을 보장하기 위한 다양한 업무가 해당

된다. 승객의 안전하고 쾌적한 항공여행을 위해서 객실승무원은 승객으로 하여금 비행 중 기내에서의 안전사항을 준수하도록 해야 한다. 이러한 사항들은 곧 승객의 안전을 위해 필수적으로 준수해야 할 사항들이므로 승객들의 적극적인 협조가 이루어지도록 해야 한다.

1) 금연수칙 준수

- 모든 항공기 내에서의 흡연은 「항공보안법」으로 금지되어 처벌받을 수 있다. 따라서 객실 내 금연 표시등(No Smoking)에 따라 객실 내에서는 흡연이 절대 금지되므로 준수해야 한다.
- 특히 비행 전 구간(항공기 지상 대기 중, 비행 중, 이착륙 시) 객실의 화장실 내부 등의 장소에서 흡연하는 승객이 없도록 주의해야 한다.

2) 안전벨트 착용

- 항공기의 이착륙 시 또는 비행 중 객실 내 표시판에 좌석벨트 표시등(Fasten Seat Belt Sign)이 켜졌을 경우, 모든 승객은 반드시 좌석벨트를 착용해야 한다.
- 또한 갑작스런 기류 변화로 인한 기체의 요동(Turbulence)에 대비하여 착석 중에는 항상 벨트를 매고 있는 것이 바람직하다.

3) 휴대수하물 보관

- 객실 내 제한된 공간에서 선반 위의 휴대수하물 관리 등 안전수칙을 준수해야 한다. 승객의 휴대수하물은 항공사에서 안내하는 지정된 크기와 무게를 초과하지 않도록 한다. 기내 선반 또는 좌석 밑에 들어갈 수 있는 크기로 3면의 합이 115cm 이하 1개로 규정된 규격 이상의 수하물은 기내 반입이 불가능하며 비상시를 대비하여 통로 및 비상구 근처에 수하물을 두어서는 안 된다. 그 외 기내반입이 불가하거나 운송이 불가, 제한되는 물품에 유의한다.

- 승객의 안전을 위해 가벼운 물건은 선반 위에 보관하도록 하나 딱딱한 가방이나 무거운 물건, 깨지기 쉬운 물건은 좌석 밑에 보관해야 한다. 또한 선반에서 떨어지는 물건에 의해 발생하는 부상을 방지하기 위해 선반을 열고 닫을 때 항상 주의해야 한다.

4) 비상용 장비 숙지

- 승객은 이륙 전에 상영되는 Safety Demonstration의 내용을 주의 깊게 익혀 둔다. 만일의 비상사태에 대비하여 비치된 비상용 장비의 위치 및 사용법 들을 사전에 숙지하고 본인 좌석에서 가까운 비상구의 위치를 파악하도록 한다.
- 항공기가 일정 고도에 도달한 후에 승객이 안전하다는 점을 인지하고, 항공기 사고율이 높은 이착륙 시는 외부상황을 주시한다.
- 비행 중 비상구 Door Handle을 작동하지 않도록 한다.
- 비행 중 기내에 이상한 냄새, 소음, 외부상황이 의심스러울 경우 객실승무 원에게 이를 알린다.

5) 기타 유의사항

항공기 객실은 매우 협소한 공간이므로 안전운항을 위해 승객이 지켜야 할 규정 외에도 다음과 같은 기본 에티켓이 필요하다.

■ 좌석 주변

- 좌석의 등받이와 식사용 테이블 사용에 유의한다.
- 좌석 등받이는 항공기 이착륙 시, 기내 식사 시는 원위치로 한다.
- 신발이나 양말을 벗고 통로를 다니는 것은 실례가 되는 행동이다.
- 장거리 비행의 경우 다른 승객의 휴식에 방해가 되지 않도록 한다.
- 기내에서 승무원의 도움이 필요한 경우 호출버튼을 이용하도록 한다.
- 항공기가 목적지에 착륙하게 되면 승무원의 별도 하기 안내가 있을 때까

지 착석을 유지한다. 항공기의 이동 중 선반을 열다가 수하물이 선반 위에서 낙하하는 등 예상치 않은 일이 발생할 수도 있기 때문이다.

■ 식사 시

• 기내에서는 지상에서보다 빨리 취하게 되므로 알코올성 음료를 과음하지 않도록 하며, 승무원은 승객의 알코올음료 서비스를 제한한다. 무분별한 과다 음주자는 대다수 승객의 쾌적한 여행을 저해할 뿐만 아니라 예기치 못한 사고를 유발할 우려가 있는 등 객실안전에 위협적인 요인이 될 수 있으므로 승객의 상태를 수시로 확인하고 승객이 알코올을 다량 섭취하지 않도록 적절한 통제를 해야 한다.

다음과 같은 승객의 경우 일체의 알코올성 음료 서비스를 금지한다.
  - 탑승 전 만취승객
  - 비행 중 만취승객
  - 범죄인 또는 호송관
  - 제복 입은 항공사 직원
  - 19세 미만의 미성년 승객

• 쾌적한 기내환경을 위해 기내에서 제공되는 식사 외에 외부의 음식을 준비하는 일이 없도록 한다.

■ 화장실 사용 시

• 안전벨트착용 표시등이 켜져 있는 동안 화장실 사용은 금지되어 있다.
• 화장실 내에서 금연을 준수한다.
• 화장실 사용은 다른 승객에게 불편을 끼치지 않도록 청결히 한다.

1. Approaching Signal 후

1) Approaching 방송

기장으로부터 Approaching Signal이 오면 방송담당자는 Approaching 방송 및 기타 안내방송을 실시한다.

2) 착륙 준비

착륙 전 준비는 이륙 준비와 동일하게 안전 점검을 실시하며, 전 승무원은 담당 구역별로 비행 안전에 대비하여 다음과 같이 승객 좌석, 객실 및 갤리별로 정리정돈 및 착륙 준비 점검을 한다.

■ 승객 좌석

- 승객의 착석 및 좌석벨트 착용 : 이때 취침 중인 승객은 깨우고, 유리잔 등 서비스 Item을 회수한다. 비상시 유아는 따로 벨트를 착용하지 않고 보호자가 벨트를 맨 뒤 감싸 안도록 한다. Baby Bassinet은 장탈하여 보관한다.
- 좌석 등받이, Tray Table, Monitor, Armrest, Footrest 등 정위치
- 승객 좌석 주변, Seat Pocket, 베개/담요 정리
- 승객 휴대수하물 및 유동물건의 고정
- 전자기기 사용 금지 안내 및 확인

■ 객실

- Headphone, 잡지 등 객실에 비치된 서비스물품 회수 및 정위치 보관
- 승객으로부터 보관을 의뢰받은 Coat 및 물품 반환
- 하기 시 도움이 필요한 승객(노약자, WCHR 승객), Special 승객 및 운송제한 승객의 착륙 준비에 도움 제공

- 객실사무장은 입국준비 및 도착지 관련 입국서류 작성 확인
- 화장실 점검, 승객의 사용 여부, 각 Compartment Locking, 화장실 내부 비품 및 변기 덮개 고정
- 비상구 주변 정리, Door Side 및 Aisle의 Clear
- 객실 내의 시설물 안전상태 및 유동물 점검(Overhead Bin 닫힘상태)
- 객실 조명 조절 : 야간 비행 때 승객의 독서등을 안내해 드리고, 착륙 전 객실 조명을 Dim 상태로 하는 등 안전과 관련된 제반사항에 맞도록 적절하게 조절한다.

■ Galley

- Galley 내의 탑재 물품, 모든 Compartment, Cart 등 유동물건의 닫힘/잠김 상태 확인(Locking & Latching)
- Galley 서비스 용품 정리 : Liquor/Dry Item Inventory List, 기내 판매품 등의 서류 최종 확인, 기내에 탑재된 모든 주류 및 면세품을 Compartment 에 넣고 Sealing & Locking(해당 Station)
- 기타 하기 시 필요한 조치 사항 점검 및 교대 팀에게 신속히 필요한 인수 인계 준비내용 기록, 전달
- Curtain 고정

2. Landing Signal 후

1) 최종점검

- 기장으로부터 Landing Signal이 오면, 객실승무원은 방송을 실시(방송담당자) 하고, 최종적인 객실, 갤리 및 화장실 안전 점검을 수행한다.
- 이 시점부터 Fasten Seat Belt Sign이 꺼질 때까지 승객이 좌석에서 이동하지 않고 착석을 유지하도록 한다.
- 객실 조명을 착륙에 대비하여 Dim 상태로 조절한다.

2) 승무원 착석

- 안전 점검이 끝난 전 승무원은 승무원 좌석에 착석하여, 좌석벨트와 Shoulder Harness를 착용한다.
- 착륙 시 '30 Seconds Review(Remind)'를 실시한다.

> ### ✈ 착륙준비 Approaching
>
> #### (기장방송 후) Approaching 안내방송(Arrival 안내방송)
>
> - 회수: 독서물, 헤드폰(항공사에 따라 지상 조업), 화장실용품
> - 컵, 유리잔 중 서비스아이템 회수 및 Cabin 정리정돈
> - BSCT 탈착
> - 입국서류 작성 재확인/기내판매 종료
> - 담당 SPCL PAX 하기 안내
> - 승객 보관물품 반환
> - 서류 작성 및 갤리 정리정돈 인계사항 정리(Locking & Sealing)
>
> #### 안전업무
>
> - 승객휴대폰 보관상태 점검
> - 좌석등받이, 트레이테이블, 개인용 모니터 원위치, 수하물 선반(Overhead Bin) 닫힘
> - 갤리 내 유동물 보관상태 점검
>
> #### Landing(착륙 10분 전)
>
> #### Landing 안내방송
>
> 최종 안전 점검
> - 승객 좌석벨트, 등받이, 테이블, 모니터, 창문덮개 오픈, 수화물 정리
> - 갤리: 유동물질 고정(Locking & Latching), Locking & Sealing 재점검, 커튼 고정
> - 객실: Aisle clear, Door side clear, 수하물 선반(Overhead Bin) 점검, 조명 조절, 화장실 점검 중 항공기 내 모든 유동물질 고정상태 확인

제3절 | 착륙 후 안전보안업무

1. Tax-In 중

승객 착석 유지 - 승객의 안전을 위해 Taxing 중에는 Fasten Seat Belt Sign이 꺼질 때까지 반드시 이동승객을 제지하고 승객의 착석상태를 유지한다. 필요 시 객실사무장은 Gate 진입 직전 'Taxing 중 승객 착석 요청' 방송을 실시한다.

안전업무를 수행하지 않는 승무원은 Jump Seat에 승객과 동일하게 착석해 있어야 하며, 'Sterile Cockpit' 규정을 준수한다.

2. 항공기 착륙 후

1) Safety Check 및 Door Open

- 항공기가 완전히 정지한 후 객실사무장의 Safety Check 방송에 맞추어 전 승무원은 Slide Mode를 정상 위치(Disarmed Position)로 변경하고 상호 확인 한 후 사무장에게 보고한다.
- Safety Check 후, 기내조명 System이 설치된 Station의 담당 Senior는 기내 조명을 Full Bright로 조절한다.
- 승객 하기를 위해 Door를 열기 전 Slide Mode의 정상위치 여부, 장애물 유무를 확인한다. 사무장은 Fasten Seat Belt Sign이 Off 되었는지 확인한 후 항공기 외부 지상직원에게 Door Open을 허가하는 수신호 Sign을 주어 지상직원이 Door를 Open하도록 한다.

Door Open

항공기 Door는 일부 기종 항공기 및 비상상황을 제외하고는 외부에서 지상직원이 Open 하는 것을 원칙으로 한다.
일부 기종(B737, F100)은 지상직원과 Door Open Sign 상호 확인 후 객실승무원이 직접 Open한다.

- Door Open 후 객실사무장은 운송담당 직원에게 Ship Pouch를 인계하고, 특별 승객, 운송제한 승객 등 업무수행에 관한 필요사항을 전달한다.
- C.I.Q 관계 직원에게 입국서류를 제출하고, 검역 또는 세관의 하기 허가가 필요한지 확인한다.
- Ship Pouch를 지상직원에 전달과 동시 업무 수행에 관한 필요 사항 전달
- 승객 하기는 공항 당국의 하기 허가를 득한 후 실시되어야 하며, 모든 절차가 끝난 후 객실승무원은 승객 하기 방송을 실시한다.

 Door Open 시 유의사항

- Slide Mode 위치 변경 실시
- Fasten Seat Belt Sign Off 확인
- 지상직원의 Door Open 허가 Sign 및 Open

2) 승객 하기

- 객실승무원의 하기방송
- 승객 하기는 공항 당국의 하기 허가를 받은 후 실시되어야 하며 특히 후방 Door 개문에 유의해야 한다.
- 승객 하기 시 승무원은 해당 클래스별, 각자의 담당 구역별로 Jump Seat 주변에서 승객에게 하기 인사를 하고 승객 하기가 순조롭게 진행되도록 협조한다.

- UM, 장애인 승객, 유아 동반 승객, 노약자 승객, 짐이 많은 승객 및 운송제한 승객 등 도움이 필요한 승객의 경우 휴대수하물 정리를 도와 드리고 하기에 협조한다.
- 그 밖에 TWOV 및 Deportee의 인수인계 및 Transit Station에서의 기내 대기 통과여객 수 확인 등에도 유의한다.

> ✈ **승객 하기 순서**
>
> 응급환자 ⇨ VIP, CIP(일등석 승객 ⇨ 비즈니스 승객) ⇨ UM 승객 ⇨ 일반석 승객 ⇨ 운송제한 승객 ⇨ Stretcher 승객

3. 승객 하기 후

1) 기내 점검

- 승객 하기 완료 후, 객실, 화장실 등에 잔류 승객이 있는지 확인한다.
- 담당 구역의 승객 좌석 주변, Seat Pocket, Overhead Bin, Coat Room, 화장실 등에 승객 유실물이 있는지 확인한다. 승객 유실물(Left Behind Item) 점검과 처리절차에 따라 유실물을 처리한다.
- 화장실 용품, Headphone, 잡지 등 기내용품을 재확인하여 전량 회수한다.
- 각각의 승무원은 담당 구역별로 기내 보안 점검을 실시한다.
- 객실사무장은 최종적으로 기내를 순시하여 이상 유무를 확인한다.
- 객실 설비 이상이 있는 경우, 결함 내용과 위치를 구체적으로 기록하고 전달한다.
- 기타 Station별로 지정된 특이사항들을 점검한다.
- Slide Mode 위치(정상위치)를 재확인한다.
- 지상직원과의 인수인계가 필요한 Item을 인계한다.

2) 유실물 점검

■ 비행 중 발견 시

- 유실물을 발견한 승무원은 객실사무장에게 발견 장소, 시각, 내용 등을 보고한다.
- 객실사무장은 유실물의 내용 및 형태를 개괄적으로 승객에게 기내방송을 통해 공지한다.
- 소유주가 나타날 경우 좀 더 구체적인 질문을 통하여 해당 승객의 소유임을 확인하고, 소유주가 나타나지 않을 경우 도착지 지상직원에게 인계한다.

■ 하기 후 발견 시

- 유실물을 발견한 승무원은 객실사무장에게 보고하고, 유실물의 내용, 형태, 개수, 발견 장소, 인계 운송 직원의 인적 사항 등을 Purser's Flight Report에 기재한다.
- 유실물을 도착지 운송 직원에게 인계한다.
- 운송 직원과의 Contact이 불가한 경우는 공항 출·도착지 해당 기관 혹은 사무소에 인계한다.

> **Debriefing**
>
> 승무 종료 후 사무장은 Debriefing을 주관하여 실시할 수 있으며, 그 내용은 해당 편 기내에서 발생한 특이사항에 관하여 상호 의견을 교환하고 필요시 후속조치를 취한다.

✈ 착륙

- 승무원 착석(30 Seconds Review)

착륙 후 착륙 안내 방송(Farewell)

- Boarding Music On
- 좌석벨트 Sign Off까지 승객 이석 제지
- 항공기 완전히 정지 후 Door Open 전 Door Slide Mode 변경

Door Open 및 승객 하기

- 지상직원에게 서류 인계
- 승객 하기 순서에 따라 하기
- SPCL PAX 하기 협조 지상직원에게 인계
- 하기 안내 및 인사

승객 하기 후

승무원 하기 전 최종 점검

- 화장실, 벙크 내 잔류승객 확인
- 오버헤드빈 오픈
- 유실물(L/B) 점검(좌석, 화장실, 수하물 선반(Overhead Bin), 코트 룸 등)
- 객실 이상 여부 점검
- Locking & Sealing 재확인
- 인수인계 및 승무원 하기

Debriefing

- 비행 중 특이사항 보고
- 반납업무 보고

■ 국제선 장거리 비행 절차에 따른 안전업무

	구 분	시 점	주요 업무	안전관련 사항	비 고
이륙	이륙 전 안전업무	비행근무 전	객실 브리핑	항공기종 및 안전보안사항 숙지 등 비행 전 준비	
			항공기 탑승	탑승 전 승무원 짐 탁송	
			합동 브리핑	기장 전달사항 숙지	
		승객 탑승 전	Pre-Flight Check	담당구역 비상 보안장비 및 객실시스템 점검	
			승객 탑승준비		
		승객 탑승 중	좌석안내	비상구좌석 착석 안내	
			수하물 안내	수하물 보관 안내	
			지상 서비스	운송제한승객 파악	
		Push Back 전	Door Close	지상직원 하기 안내	객실준비 완료
			Safety Check	슬라이드 팽창위치로 변경	Push back 준비 완료
		Taxi-out 중	Welcome 방송	기내안전사항 안내 및 Safety Demo 상영	
			Safety Demo		
		이륙 전	이륙 전 준비	전자기기 사용 금지	이륙준비 완료
			승무원 착석	30 Seconds Review	객실 조명 - Dim
	이륙 후 안전업무	Fasten Seat Belt Sign Off 후	갤리 브리핑	Seat Belt 상시 착용	좌석벨트 상시 착용 안내방송
			식사 서비스	좌석벨트 상시착용 및 비행 중 안전업무	객실 조명 - Full Bright
			기내 판매		
			입국서류 배포		
		승객 휴식 중	객실 쾌적성 유지	객실/화장실 주기 점검 및 비행 중 안전업무 실시	객실 조명 - Dark
			승객 Care		
착륙	착륙 전 안전업무	Approaching Signal 후	Approaching 방송	착륙 안전 점검	
			착륙 준비	전자기기 사용 금지	
		Landing Signal 후	최종 점검	최종 객실안전 점검	Landing 방송
			승무원 착석	30 Seconds Review	객실 조명 - Dim
	착륙 후 안전업무	Taxi-in 중	Farewell 방송	항공기 정지 시까지 승객착석 유지	
			승객착석 유지		
		항공기 착륙 후	Safety Check /Door Open	슬라이드 정상위치로 변경 및 Door Open 유의	객실 조명 - Full Bright
			승객 하기		
		승객 하기 후	기내 점검	Door Slide 확인	
			유실물 점검	객실 내 잔류승객 및 유실물 점검	
			인수인계	도착지별 세관규정 준수 갤리 Sealing 재확인	
			승무원 하기		

PART

IV

비상상황 대응

CHAPTER

비행 중 상황별
비상상황과 대응방법

비행 중 상황별
비상상황과 대응방법

제1절 | 비상상황의 유형

1. 비상상황의 정의와 원인

1) 비상상황의 정의

비상상황이란 항공기가 기상, 기재 등의 원인에 의하여 승객의 안전 및 항공기 운항을 위험한 상태로 빠뜨리게 되는 각종 불의의 돌발적 상황 등으로 인해 더이상의 운항이 불가능하다고 판단되는 경우를 말한다.

객실승무원은 이러한 상황이 발생했을 때 평소 안전교육과 훈련을 통해 익힌 능력을 바탕으로 승객과 승무원의 안전을 최우선으로 하여 적절히 대처하고 상황을 처리해야 한다.

항공기 비상상황이 발생하는 경우, 긴급하게 비상착륙(Emergency Landing) 혹은 비상착수(Ditching)와 같은 비상탈출을 시도하게 된다.

2) 비상상황 발생의 원인

항공기의 비상상황을 유발하는 원인은 다음과 같다.

- 승무원의 오판이나 기기조작 및 기타 인적 요인(경험 및 능력부족, 주의력 저하, 무의식적 습관·행동, 규정 및 절차 무시, 지나친 자신감, 대처의 지연, 정신적 불안정 및 당황)
- 엔진관련 문제 등 중대한 기체 결함 및 고장으로 인한 기계적 요인
- 기상관련 난기류로 인한 기체요동(Turbulence)
- 객실 내의 연기 및 화재, 감압상황 등 환경적 요인
- 기내난동, 공중납치(Hijacking), 폭탄 위협 등 항공보안 문제

2. 비상상황 발생 시 일반적인 상황과 대처

1) 객실 상황

- 승객의 동요 : 비상상황 발생은 승객에게 불안감을 야기해 혼란과 동요가 발생하게 되며 이는 곧 승무원의 비상상황 처리 및 대처에 지장을 초래하는 요인이 된다.
- 암흑상태의 객실 : 항공기 전원공급 중단으로 객실이 캄캄해진다.
- 커뮤니케이션의 두절 : 인터폰 및 PA 시스템의 작동이 불가능해 승무원 간 상호 연락이 두절되며, 승객통제에 어려움이 생긴다.
- 유독가스 발생 : 기내화재가 발생하는 경우 유독가스로 인해 생명에 치명적인 위협요인이 되며, 객실 내 혼란이 가중된다.
- 기타 : 화재 등으로 갑작스럽게 기내에서 한 공간으로 승객이 몰리는 현상이 발생한다. 이로 인해 항공기 Weight & Balance의 불균형으로 항공기 Control에 문제가 발생하게 된다. 비상착륙을 하는 경우 항공기 파손으로 Door Open이나 Slide를 사용할 수 없는 경우가 발생한다.

2) 승무원의 대처요령

- 승객의 생명과 안전을 최우선으로 해야 하는 승무원의 책임을 인식하고 돌발상황에 침착하게 대응해야 한다.
- 비상상황, 비상탈출은 상황에 따라 다르므로 발생할 상황에 따른 대처방안을 강구할 판단력이 필요하다.
- 승객의 동요는 비상상황을 해결하는 데 있어서 장애요소가 되므로 초기단계에서 승객을 장악, 통제해야 한다.
- 비상상황 시 승무원 지휘계통의 명령에 따르며, 지휘계통에 따라 보고하는 것이 원칙이다. 단, 화재의 초기단계나 즉각적인 조치가 요구되는 사안인 경우 선조치, 후보고할 수 있다.

1. 객실감압의 정의

항공기가 정상적으로 운항할 때 비행고도는 35,000ft에 이르고, 객실고도는 약 7,000ft를 유지하게 된다. 즉 35,000ft 상공에서는 실제로 별도의 생존장비가 필요하게 되나 항공기 내는 여압장치에 의해 마치 7,000ft 상공에 있는 것과 같은 환경이 조성된다. 그러나 비행 중 기체의 결함, 손상이나 여압장치 등의 고장으로 객실 내의 압력이 빠져나가 기압이 낮아지면서 객실이 적정기압을 유지하지 못하고 실제 비행하는 고도에 가까워지게 되면 객실 내 산소가 희박해지는 감압현상이 발생하게 된다.

 여객기 내부가 거대한 진동음과 함께 심하게 흔들립니다.
이륙한 지 25분, 비행기는 공중에서 무려 6km를 추락하듯 급강하했습니다.
산소마스크가 떨어지고 승객들이 소리를 지르는 등 비행기는 아수라장이 됐습니다.
[탑승객 : 많은 사람이 울고 구명조끼와 물건 등을 꺼내면서 준비를 마쳤습니다. 다시 내려갈 수 있다고 생각했던 것 같아요.]
호주에서 출발해 인도네시아 발리로 향하던 말레이시아 저가항공 '에어아시아'가 기술적인 문제로 25분 만에 회항했습니다.
145명의 승객은 비행기를 돌리는 동안 눈물을 흘리고 공황상태에 빠지는 등 극도의 공포감에 떨어야 했습니다. 일부 승객은 가족들에게 전화를 걸어 작별인사까지 나눈 것으로 알려졌습니다.
이 과정에서 승객들을 안정시켜야 할 승무원은 오히려 긴급상황이라고 소리를 질러 공포감을 부추긴 것으로 전해졌습니다.
[클레어 애스큐/탑승객 : 비명을 지르고 눈물을 흘리는 승무원들 때문에 공포감이 더 커졌습니다. 그들로부터 어떤 위안도 받지 못했습니다.]
비행기는 출발지인 호주 퍼스 국제공항에 안전하게 도착했습니다.
하지만 항공사 측은 사과문만 발표하고 구체적인 사고 원인은 설명하지 않았습니다.
에어아시아는 지난 6월에도 폭발음과 함께 발리행 비행기가 회항하는 등 불과 넉 달 만에 또다시 '공포의 회항'으로 논란을 빚고 있습니다.

〈출처: YTN뉴스, 2017.10.17〉

감압현상이 발생하여 객실고도 14,000ft 이상이 되면 승객 좌석 위 선반에서 산소마스크가 자동으로 낙하하게 된다. (이때 운항승무원은 10,000ft까지 하강하며 객실 비행안전 고도는 7,000~8,000ft에 이르게 된다)

2. 감압의 종류와 현상

감압현상 발생 과정의 시간, 현상의 차이에 따라 다음과 같이 구분할 수 있다.

1) 완만한 감압

- 비행 중 기내 압력이 서서히 빠져 나가는 현상
- Door나 Window 주위의 이음새 등에서 기압이 빠져 나가거나 기내 여압장치의 고장으로 발생하기도 한다.
- 귀가 멍멍해지며 '휘-익' 소리가 나고 통증을 느낀다.

2) 급격한 감압

- 비행 중 기내압력이 빠른 시간 내에 빠져 나가는 현상
- 비행 중 여압장치의 고장, 항공기의 외벽손상, 폭발물의 폭발 등으로 발생
- 심각한 경우 폭발적인 감압형태로 나타날 수 있다.
- 굉음이 들리고 객실 내에 안개현상(객실온도가 낮아져 습도의 변화가 생기기 때문)이 나타난다.
- 객실 내에 먼지가 일어나고 파편조각이 날아다닌다.
- 객실 내부에 차가운 바람이 유입되며 객실온도가 낮아지면서 귀와 가슴에 통증이 유발된다.

3. 감압발생 시 조치

1) 객실현상

- 필요한 산소공급을 위해 산소마스크가 승객 좌석 선반에서 떨어진다.
- 자동 감압방송(Pre-Recording Announcement)이 작동된다.
- No Smoking Sign 및 Fasten Seat Belt Sign이 켜진다.
- 객실조명이 Full Bright로 조절된다.

2) 감압발생 시 조치

감압현상이 발생하게 되면 운항승무원은 산소마스크를 착용하고, 항공기를 신속하게 안전고도 10,000ft까지 하강시킨다. 또한 Fasten Seat Belt Sign과 No Smoking Sign이 켜져 있는지를 확인한다.

객실승무원은 다음과 같은 조치를 취한다.

- 가장 가까운 빈 좌석에 신속히 착석하여 산소마스크를 즉시 착용하고 몸을 고정한다. 벙크에 있을 때는 탈출하지 않고 산소마스크를 쓰고 대기한다. 승무원용 산소마스크는 승무원 좌석(Jump Seat) 상단과 승무원 휴식공간(Bunk) 내에 장착되어 있다.
- 산소마스크를 착용한 후 승객을 향해 마스크를 쓰도록 큰 소리로 안내한다.

 산소마스크를 쓰세요!

Put on the mask!

벨트 매세요!

Fasten your seat belt!

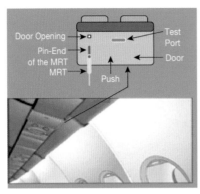

⬆ Manual Unlocking 방법

- 승객의 산소마스크 착용상태를 확인하고, 특히 어린이, 노약자 등의 산소마스크 착용을 돕는다.
- 산소마스크가 자동으로 내려오지 않을 경우, 승무원 좌석 하단에 있는 MRT(Manual Release Tool 수동열림기구)를 이용하여 산소마스크 보관 패널의 작은 구멍에 넣어 열도록 한다.
- 산소공급장치가 작동되면 열이 발생하

므로 객실 내 온도가 상승하고 타는 듯한 냄새가 나게 된다. 화재발생 가능성에 대비하여 객실 내 화기 사용을 절대 금하도록 한다.

 산소공급은 B747, B787, A380 기종의 경우 탱크식, 그 외 B777, B737, A330 등은 화학반응식 산소공급 시스템이다. 탱크식은 산소마스크가 내려오면 그대로 착용하면 되나, 화학식의 경우 승객이 직접 산소마스크를 당겨야 산소가 발생, 공급된다.

3) 안전고도 강하 후의 객실 점검

운항승무원으로부터 항공기가 안정되고, 객실 내에서 움직여도 좋다는 연락이 오면 다음과 같이 객실 전체와 승객 상황을 점검한다.

- 객실 담당구역을 순회하며 승객들을 심리적으로 안심시킨다.
- 객실 및 화장실을 점검한다.
- 동체의 파손이나 균열이 있는 곳 가까이에 위치한 승객의 좌석을 재배치한다.
- 부상승객 여부를 확인하고 응급조치를 한다.
- 기내화재나 기타 위험요소가 있는지 확인한다.
- 감압현상 종료 후 승객들이 사용했던 좌석 위 선반에서 내려온 산소마스크

는 원위치시키려 하지 말고 좌석 앞주머니 속에 넣는다.

4. 감압현상 이후 후유증

1) 감압증(Decompression Sickness)

급작스러운 여압의 감소로 체내의 Gas가 변하면서 신진대사가 원활하지 못해 발생하는 현상으로 다음과 같은 증상이 나타난다.

- 관절부위 및 흉통, 두통
- 피부발진, 발열, 발한 증세
- 시야가 흐리고 움직임이 둔해진다.

감압증이 나타나는 경우 다음과 같이 응급처치한다.

- 안정을 취한다.
- 영향받는 부위를 움직이지 않도록 한다.
- 운동을 피한다.
- Shock에 대한 응급처치를 한다.

2) 저산소증(Hypoxia)

인체의 생리기능을 저하시킬 만큼 혈액이나 세포 및 조직에 산소량이 부족한 상태로서 감압현상 시 흔히 일어나는 현상이다.

산소 부족의 정도와 노출된 시간, 개인의 신체적 상태에 따라 다르게 나타나며 서서히 진행된다. 다음과 같은 증상이 나타난다.

- 호흡이 빨라진다.
- 두통과 어지러움을 호소한다.
- 피로, 불안, 초조함 등 주의력 장애가 생긴다.

- 시력이 저하된다.
- 신체적 균형감각을 상실한다.
- 입술, 귀, 뺨 및 손톱 뿌리의 근처가 푸른색으로 변한다.
- 시간이 지나면 의식을 잃는다.

저산소증이 나타나는 경우, Portable O_2 Bottle을 이용하여 산소를 제공하고 승객을 안정시킨다.

 의식가능시간(TUC: Time of Useful Consciousness)

감압현상으로 신체에 산소가 부족하게 되어 정상적인 활동을 할 수 없게 되기까지 일반적으로 소요되는 시간을 의식가능시간이라고 한다.

감압 시 의식가능시간은 일반적으로 18초 미만으로 떨어지지 않는데, 그 이유는 산소가 결핍된 혈액이 허파에서 뇌까지 가서 기능을 압박시키는 데 필요한 최소시간이기 때문이다.

의식가능시간에 가장 크게 영향을 미치는 요소는 고도이며, 고도별 의식가능시간은 다음과 같다.

항공기 고도	의식가능시간	
	급격한 감압 시	완만한 감압 시
15,000ft	15~20분	30분
25,000ft	2분 30초	5분
30,000ft	30초~1분	1~2분
40,000ft 이상	18초	18초

콴타스 여객기 8,840m 상공에서 기내 산소통 폭발로 인한 감압현상

2008년 7월 25일 런던발 멜버른행 콴타스 여객기가 중간 기착지인 홍콩을 이륙한 후 기내 산소통 폭발로 동체에 지름 3m의 구멍이 뚫리면서 급강하한 후 마닐라공항에 비상 착륙, 가까스로 대형 참사 위기를 모면했다.

사고기인 보잉 747-400기는 이날 승객 346명과 승무원 19명 등 365명을 태우고 홍콩을 이륙한 지 1시간 정도 지나 마닐라에서 2백 해리 정도 떨어진 곳을 비행하고 있을 때 큰 폭발음과 함께 오른쪽 날개 근처 부위가 파열되면서 파편들이 객실 바닥을 뚫고 흩날리며 기내 압력이 급감, 산소마스크가 일제히 내려오며 비상사태가 발생했다.

이에 순항고도 2만 9천 피트(8,840m) 상공을 날고 있던 여객기 조종사는 비행기를 급강 하시켜 불과 5분 30초 사이에 고도를 산소마스크 없이 호흡이 가능한 1만 피트(3,050m) 로 1만 9천 피트(약 6,000m)나 낮추면서 기내는 공포의 도가니로 변했다.

당시 승객 중에는 만약의 경우 신원 확인이 용이하도록 여권을 호주머니에 넣는가 하면, 엄마들이 어린 자녀들에게 황급히 산소마스크를 씌우는 동안 아이들이 창백해지는 등 긴박한 위기상황이 펼쳐진 것으로 전해졌다. 산소마스크는 10개 정도가 아예 내려오지 않거나 제대로 작동되지 않아 승객들에게 공포감을 더해주었다.

어떤 남자승객은 마스크가 내려오지 않자 겁에 질려 천장 패널을 부수고 끄집어냈는가 하면, 어떤 여자 승객은 다른 두 사람과 같이 사용하기도 했으며 어린이들은 산소 부족으 로 파래지며 비명을 지르거나 두 팔을 내두르기도 했다.

다음날 멜버른에 무사히 도착한 승객들은 무사히 비행기를 착륙시킨 조종사와 침착하게 승객들을 진정시킨 승무원들에게 찬사를 보냈다.

콴타스 항공사에서 23년간 근속하는 등 경력 30여 년의 해군 출신 베테랑 조종사인 사고기 기장 존 바텔스 씨(53)는 무사 귀환하면서 발표한 성명을 통해 위기상황이 발생 하자 거의 반사적으로 비상조치를 취했다고 밝혔다. 바텔스 기장은 "감압현상이 발생하 자마자 즉각 기억 속의 체크리스트를 끄집어냈다. 조종실에는 3명이 있었고 모두 협력하 여 비행기 고도를 안전하게 낮추기 위해 우리가 해야 할 일을 하는 데 집중했다"고 말했 다. 그는 "콴타스 항공의 모든 기장들이 같은 상황에서 같은 결과를 가져왔을 것이라는 데 의심의 여지가 없다. 비상상황 내내 기내 승무원들도 승객들을 돌보는 일을 훌륭히 해냈다"고 덧붙였다.

사고기는 산소통 폭발로 동체가 파열되면서 계기착륙장치가 못 쓰게 돼 마닐라공항에 비상착륙할 당시 바텔스 기장은 시계비행으로 접근하여 수동으로 착륙한 것으로 알려 졌다.

마닐라공항에서 사고원인을 조사 중인 호주교통안전국 대변인 줄리안 월시 씨는 7월 30일 기자회견에서 사고기의 마닐라공항 도착 당시 3개의 계기착륙장치와 미끄럼방지 장치가 사용할 수 없는 상태였다는 사실을 확인했다. 월시 씨는 마닐라공항 접근은 시계 비행으로 이루어졌다. 하지만 시계에 문제가 있었을 경우에는 다른 항법장치를 이용할 수도 있는 상황이었다고 말했다.

조사관들은 또 산소통이 폭발하면서 한 파편(밸브)이 객실 바닥을 뚫고 들어와 비상구 핸들에 세게 부딪치며 핸들을 조금 움직여 놓았으나 전혀 위험한 상황은 아니었다고 밝혔다.

기내 화물칸 부근에서 사라진 문제의 산소통은 예비용으로 스쿠버 다이버의 산소통만한 크기이며 보잉사 제품이 아니고 전문회사가 특수 제작한 것으로 전해졌다.

그동안 조사에서 밸브가 회수되었으나 산소통 자체는 흔적이 전혀 발견되지 않고 있는데 조사관 네빌 블리스 씨는 이와 관련, 산소통이 폭발하면서 동체 밖으로 흩어졌을 것으로 추정했다. 콴타스 항공은 자사의 모든 747-400기에 탑재된 산소통을 전면적으로 검사하도록 명령했다.

〈출처: 위키피디아〉

기내에서 발생 가능한 화재는 화장실의 쓰레기통에 버린 담배꽁초에 의한 화재, 갤리의 오븐이나 Hot Cup 등의 과열에 의한 화재, 기타 Control Panel 등의 전기 계통에서 발생하는 화재 등이 있다.

객실에 연기나 화재가 발생하는 경우에 다음과 같은 조치를 취한다.

- 비행 중 화재 발생 시 조종사는 기압차가 없는 높이(고도 10,000ft)로 급강하를 하고 승무원은 기본적인 화재유형별 진압 절차에 의거하여 화재를 진압하도록 한다.
- 지상에서 화재가 발생했을 때는 폭발의 위험이 있으므로, 신속히 기내에서 탈출한 뒤 최대한 항공기에서 멀리(최소 300m) 떨어져 있어야 한다.

1. 연기 및 화재에 대한 일반지침

1) 비행 중의 조치

- 연기나 화재 발생 시 다른 승무원에게 도움을 청해 신속히 운항승무원에게 알린다. 이때 정확한 화재 발생 위치, 연기의 특성(농도, 모양), 색깔, 냄새, 승객의 반응 등에 관한 정보를 운항 승무원에게 알린다.
- 필요시 PBE를 착용하거나, 석면장갑을 착용한다.
- 연기 및 화재의 진원지를 객실, 갤리, 화장실 등을 중심으로 찾는다.
- 전기 계통의 화재인 경우 전원을 차단한다.
- 연기 진원지 주변의 Portable Oxygen Bottle은 치운다.
- 일단 화재가 발생하면 연기를 동반한 유독가스가 발생하므로, 승객을 진정시키고 화재나 연기로부터 대피시켜 피해를 최소화하도록 한다. 유독가

스가 기내에 찼을 때(연기가 많을 경우) 승객을 Armrest 높이로 낮게 숙이도록 한다. 젖은 타월이나 옷, 담요 등을 적셔 코와 입을 막도록 하고, 필요시 젖은 타월을 승객에게 나누어준다.

- 화재종류에 맞는 소화기를 선택하여, 화재를 진압한다.
- 일반 화재 진압 후에는 H_2O 소화기로 불씨를 완전히 제거하도록 한다.
- 화재가 발생한 곳은 지속적으로 관찰하여 재발 방지에 힘쓴다.

2) 지상에서의 조치

- 우선적으로 연기 및 화재에 대응해야 할 조치는 비행 중 조치의 순서와 동일하다.
- 기장으로부터 응답이 없고, 화재가 위험한 상태로 확대될 경우 기체 외부 상황을 판단한 후 Door Slide Mode의 팽창위치를 확인하고, 신속히 탈출을 시도한다.
- 탈출 후 항공기의 화염이나 폭발물로부터 충분히 안전한 지점으로 대피한다.

2. 객실 설비에 대한 화재 진압

1) 갤리 화재

- 갤리 내에서의 화재는 대부분 오븐 내부에서 발생하며 그 외 Water Boiler 의 전기 과열, 갤리 내 쓰레기통 내부에서 발생하는 경우이다.
- 오븐 내부에서 화재가 발생한 경우 먼저 오븐을 닫아 산소공급을 차단한다.
- 갤리의 전원을 차단하기 위해 해당 오븐의 전원을 차단하는 장치인 Circuit Breaker를 잡아당겨 뽑는다. B747-400, B777 등 일부 기종의 경우, Master Power Shut Off Switch로 전원을 차단한다.

- 연기가 많이 발생하는 경우 PBE를 착용하고, Halon 소화기로 직접 분사하여 진압한다.
- 그 외 Water Boiler의 전기 과열로 인한 화재예방을 위해 Pre-Flight Check 시 뜨거운 물을 사용하기 전 Water Boiler에서 물을 약간 빼두는 Air Bleeding을 실시한다.

2) 화장실 화재

- 우선 화장실 문에 손등을 살짝 대보고 열을 감지한다.
- 문이 뜨거울 경우, 천천히 문을 조금 열어 화재 정도 및 화재의 근원을 파악한다.
- 다시 문을 닫고 필요한 화재장비를 준비한다.
- 화장실 쓰레기통에서 발생한 경우, 내부를 Halon 소화기로 진화 후, H_2O소화기로 완전히 소화한다.
- 화재발생 이후 진압과정과 화재 진압 종료 후 상황을 기장에게 통보하고 화장실은 폐쇄한다.

오키나와 나하공항 착륙 중 여객기 화재

20일 타이베이발 중화항공 보잉737 항공기가 일본 오키나와 나하공항 착륙 이후 연료누출에 따른 것으로 보이는 화재가 발생했다. 이날 타이완에서 나하공항에 도착한 후 화염을 일으키며 폭발했으나 기내에 탑승하고 있던 165명 전원이 무사히 탈출했다. 보도에 따르면 승객 157명과 승무원 8명 전원이 안전하게 대피한 뒤 이 같은 화재가 발생했다는 것이다. 활주로에 멈추는 순간 화재가 발생하였고, 1분 남짓한 시간에 모두 무사히 탈출할 수 있었던 요인 중 한 가지는 탈출통로에 장애물이 없었기 때문인 것으로 밝혀졌다. 일반적으로 기내에서 화재가 발생하면 20분 이내에 불을 끄지 않으면 인명사고가 난다. 그래서 바다 위를 날 때 기내에서 화재가 발생하면 불시착해야 한다고 한다. 이는 비상탈출구 수도 수이거니와 가장 중요한 것은 긴급탈출을 위한 경로의 확보라는 점을 증명한 사례이다.

〈출처: 연합뉴스, 2007.8.20〉

비행기 승객 보조배터리서 불 활활 … 승무원이 진압했다

대만에서 싱가포르로 향하던 비행기 내부에서 승객 보조배터리가 폭발해 화재가 발생했다. 승무원이 소화기를 들고 화재를 진압하는 등 신속하게 대처한 덕에 큰 인명피해는 발생하지 않았다.

12일(현지 시각) 싱가포르 공영 CNA방송 등에 따르면 지난 10일 오후 7시 31분쯤 스쿠트항공 A320(TR993편) 여객기에서 보조배터리 폭발 사고가 발생했다. 스쿠트항공은 싱가포르항공의 자회사다. 여객기는 대만 타오위안을 떠나 싱가포르로 향하기 위해 이륙하고 있었다.

당시 촬영된 영상을 보면, 좌석 아래에서 화재가 발생해 주변이 온통 붉은빛으로 물들었다. 승객 대부분은 일어나 피하며 우왕좌왕하는 모습을 보였다. 이에 한 승무원이 승객들을 진정시키며 화재 현장 가까이 다가가지 말라는 행동을 취했다. 그 사이 다른 승무원은 소화기를 가져와 불을 껐다. 이후 승객들에게 착석할 것을 요구하며 상황을 정리했다. 진화된 뒤에도 비행기 내부에는 연기가 자욱했다.

현장에 있던 한 승객은 "기내에서 갑자기 화재가 발생해 연기가 가득 찼다"며 "승무원은 즉시 소화 작업에 착수했다"고 했다. 또 다른 승객은 "갑자기 '펑' 소리가 나서 승객이 다투는 소리인 줄 알았는데, 연기가 발생한 것을 목격했다"고 했다. 폭발한 보조배터리는 검게 그을려 형체를 알 수 없는 모습이었다.

타오위안 공항 측은 오후 7시 40분쯤 신고를 받고 공항 소방대와 구급차를 파견했다. 여객기는 화재 발생 직후 이륙을 포기하고 게이트로 돌아갔다. 관제탑은 사고원인 조사 등 후속 처리를 위해 여객기를 주기장에 수용했다. 이후 다른 항공기 이착륙 지연 등의 문제는 발생하지 않았다고 한다. 또 보조배터리를 소지하고 있던 승객과 일행 등 2명이 손에 경미한 화상을 입은 것을 제외하고는 별다른 인명피해도 없는 것으로 전해졌다.

통상 항공사는 보조배터리를 위탁 수화물로 옮기는 것을 금지하고 기내 휴대만 허용하고 있다. 2016년 국제민간항공기구(ICAO)가 기준을 발표한 뒤 제도화됐다. 위탁으로 보낼 경우, 화재 발생 시 대처가 어렵기 때문이다. 대부분 보조배터리는 리튬배터리인데, 이는 폭발성 및 연소성이 높다. 160와트시(Wh)를 초과하는 보조배터리는 위탁 수화물은 물론 기내 휴대도 불가능하다.

〈출처: 조신일보, 2023.1.15〉

제4절	Turbulence(난기류)

1. Turbulence의 정의

  기체요동은 지형의 영향과 높은 산, 지표면의 열적 특성에 의한 공기의 상승으로 난기류가 발생하여 항공기가 불안정한 지역을 통과할 때 발생한다. 이러한 급작스러운 난기류로 인해 비행 중 승객과 승무원의 부상이 발생하는 사례가 있으므로 비행 중 승무원은 승객에게 Fasten Seat Belt Sign 점등 유무와 관계없이 착석 중에는 항상 좌석벨트를 착용할 것을 안내방송하고, 착용여부를 상시 점검해야 한다.

  일상적으로 기장은 기체요동에 대비하여 객실준비를 위해 예상시간 및 주기 등을 객실사무장에게 미리 통보하게 된다. 그러나 구름이 없는 맑은 하늘에 생기는 난기류인 CAT(Clear Air Turbulence)는 예측이 불가능하므로, 조우 시 수직으로 항공기 전체가 낙하하는 현상이 발생하여 큰 피해를 입게 된다.

 장거리 국제노선을 중심으로 기체요동의 발생 사례를 보면, 대부분 서울에서 뉴질랜드, 호주행 노선 등으로 적도를 통과하는 노선의 발생률이 높은 편이다. 그리고 기체요동으로 인한 부상자들은 대부분 화장실로 이동 중이거나, 좌석벨트를 매지 않고 앉아 있었던 승객인 것으로 나타났다.

2. Turbulence 발생 시 행동지침

- 기체요동이 발생하는 경우, Fasten Seat Belt Sign이 On 되면 즉시 안내방송을 실시하고, 승객의 좌석벨트 착용상태를 점검한다. 이때 취침 중인 승객도 깨워서 좌석벨트를 착용하도록 해야 한다.

- 승객의 좌석벨트 착용 확인을 위해 조명을 밝게 조절한다. 단 영화 상영 시나 승객 휴식 시 등 Cabin Light가 Night(또는 Off)로 되어 있는 경우 Fasten Seat Belt Sign이 점등되면 객실 조명을 일차적으로 Dim 상태로 조절한다.
- 화장실 내 승객 유무를 확인한다.
- 사용하지 않는 서비스 용품이나 기물은 정위치에 고정, 보관한다.
- 승객의 좌석벨트 착용상태 점검을 완료하면 승무원도 Jump Seat에 착석한다.

3. Turbulence의 유형별 행동지침

기체요동은 그 강도에 따라 Light Turbulence, Moderate Turbulence, Severe Turbulence로 구분한다.

1) Light Turbulence

- 컵의 음료수가 찰랑거리는 정도로 카트를 움직이기가 어렵다.
  - Fasten Seat Belt Sign을 1회 On-Off
  - 서비스 중인 승무원은 조심스럽게 주의하면서 서비스를 계속한다.
  - 승객의 좌석벨트 착용 및 화장실 내 승객 유무를 확인한다.

2) Moderate Turbulence

- 컵의 음료수가 넘치는 정도로 카트를 움직이기가 어렵다.
- 기내보행이 어려우며, 기내 시설을 잡지 않고 서 있기가 곤란하다.
  - Fasten Seat Belt Sign을 2회 On-Off 또는 안내방송을 한다.
  - 서비스를 중단한다.
  - 카트 위의 물건들을 고정하고, 기체 요동이 지속되는 경우 Cart Compartment 에 보관한다.
  - 승무원 좌석으로 돌아가면서 승객의 벨트착용 상태를 확인한다.

- 화장실을 이용하는 승객은 즉시 좌석으로 돌아가 좌석벨트를 착용하도록 한다.

3) Severe Turbulence

- 컵이나 고정하지 않은 물건들이 바닥으로 떨어지거나, 튀어오른다.
- 기내보행 및 서비스가 불가능하다.
  - Fasten Seat Belt Sign을 2회 On-Off 또는 안내방송을 한다.
  - 서비스를 즉시 중단한다.
  - 카트가 있을 때는 반드시 잡고 앉는다.
  - 뜨거운 음료를 서비스 도중 갑작스런 기체요동이 발생한 경우, Pot를 바닥에 내려놓고 앉는다.
  - 승무원도 가까운 빈 좌석에 앉는다(Cart가 있는 경우 잡고 있는다).

구분	현상	조치
Light Turbulence	• 컵의 음료수가 찰랑거리는 정도 • 카트를 움직이기가 약간 어렵다.	• 조심스럽게 주의하면서 서비스를 계속한다. • 좌석벨트 착용 확인 • 화장실 내 승객유무를 확인한다.
Moderate Turbulence	• 컵의 음료수가 넘치는 정도 • 기내보행이 어렵다. 기내시설을 잡지 않고 서 있기가 곤란하다. • 카트를 움직이기가 어렵다.	• 서비스를 중단한다. • Cart 위의 물건들을 고정하고, 지속되는 경우 Cart Compartment에 보관한다. • 승무원 좌석으로 돌아가면서 승객의 벨트 착용을 확인한다. • 화장실 이용승객은 즉시 좌석으로 돌아가 좌석벨트를 착용하도록 한다.
Severe Turbulence	• 컵이 바닥으로 떨어진다. • 고정하지 않은 물건들이 튀어오른다. • 기내보행 및 서비스가 불가능하다.	• 서비스를 즉시 중단한다. • Cart가 있을 때는 반드시 잡고 앉는다. • 음료 서비스 도중인 경우 뜨거운 음료 Pot를 바닥에 내려놓는다. • 승무원도 즉시 가까운 빈 좌석에 앉는다.

Clear Air Turbulence(Air Pocket)

항공기는 기체 앞쪽으로 불어오는 정풍(正風)을 적절히 이용하여 부양력을 얻으며 이륙 또는 착륙하게 된다. 그러나 맑은 하늘에 종종 난기류를 만나 항공기가 심하게 요동을 치게 되고 안전운항에 지장을 초래한다. 이 난기류란 공기의 흐름이 불규칙적인 운동을 하는 상태를 말하는 것인데, 이때 항공기는 순간적으로 중심을 잃고 때로는 고도가 급격히 떨어지는 현상이 발생하기도 한다.

일반적으로 난기류는 항공기에 장착된 기상레이더로 사전에 감지가 가능하므로 피해갈 수 있고, 또 그냥 지나가더라도 기체가 흔들릴 뿐 크게 지장이 없는 편이다. 그러나 일명 '에어포켓(Air Pocket)'이라고 불리는 청천난기류(Clear Air Turbulence)는 육안은 물론, 레이더로도 찾아낼 수 없기 때문에 예측이 불가능하다. 이는 공깃덩어리가 큰 폭으로 각각 다른 속도로 이동하다가 덩어리끼리 서로 충돌할 때 일어나는 현상이며 고도 7,000~12,000m 상공의 제트기류 주변에서 빈번히 나타나는데 때로는 산맥 부근에서 발생하기도 한다.

청천난기류를 만나게 되면 기체가 요동을 치면서 순간적으로 급강하하는 경우가 생긴다. 이는 고도나 지역에 따라 다소 차이가 있지만 심한 경우 그 폭이 상하 60m에 달하기도 한다. 항공기를 타면 승무원이 반복해서 강조하는 주의사항으로 "좌석벨트 사인이 꺼지더라도 착석 중에는 그대로 벨트를 매고 있어 달라"는 것은 그만큼 안전상 중요한 요소이기 때문이다. 실제 안전벨트를 착용하지 않고 있던 승객이 객실 천장에 부딪혀 다치는 경우도 적지 않다.

1997년 12월 28일, 승객 374명, 승무원 19명을 싣고 도쿄 나리타공항을 출발하여 호놀룰루로 향하던 유나이티드항공 UA826편 B747-400기가 2시간 정도 지났을 무렵 고도 31,000피트에서 청천난기류를 만났다. 기내에는 벨트착용 사인이 켜졌는데 항공기가 중심을 잃고 순간적으로 300m나 강하하는 바람에 많은 승객이 부상당했다.

항공기는 급거 출발했던 나리타공항으로 긴급 회항했으나 결국 32세의 여자승객 1명이 뇌출혈로 사망하고 74명의 부상자를 냈다. 당시 언론들은 떨어져 나간 천장과 산소마스크가 매달려 있는 광경을 대대적으로 보도했다. 이 사고는 최대 터블런스 사고로 기록되어 있다.

〈출처: http://en.wikipedia.org/wiki/Clear-Air_Turbulence
http://en.wikipedia.org/wiki/United_Airlines_Flight_826〉

🛩️ '난기류 사고' 싱가포르항공 탑승객 "사람 날아다녀"

극심한 난기류를 만나 현지 시각 2024년 5월 21일 태국 방콕에 비상착륙한 런던발 싱가포르항공 SQ321편 탑승객들은 당시 기내에서 사람이 날아다닐 만큼 상황이 심각했다고 전했습니다. 영국인 제리 씨는 자신과 아내가 비행기 천장에 머리를 부딪혔고, 통로를 걷던 일부 승객은 공중제비를 돌았다며, 비행기가 급락하기 전에 경고 방송이 없었다고 BBC에 설명했습니다. 다른 승객 자프란 아즈미르 씨도 갑자기 비행기가 급격하게 떨어지면서 안전벨트를 매지 않은 사람들이 천장으로 튀어 올랐다가 바닥에 떨어졌다며, 탑승자들이 머리에 큰 상처가 나거나 뇌진탕을 입었다고 로이터에 전했습니다.

사고 이후 촬영된 기내 사진에는 비상용 산소마스크가 천장에 매달려 있고, 음식물과 수하물이 기내에 쏟아진 모습 등이 담겨 있습니다.

방콕포스트 등에 따르면 이번 사고로 1명이 사망하고 70여 명이 다쳤습니다. 사망자는 73세 영국 남성이며, 사인은 심장마비로 추정됩니다. 방콕 수완나품공항 측은 부상자 중 7명은 중상이라고 밝혔습니다.

당시 여객기에는 승객 211명과 승무원 18명이 탑승하고 있었으며, 한국인 탑승자도 1명 있었으나 부상자 명단에는 포함되지 않았습니다.

일기예보서비스 아큐웨더는 "항로에서 빠른 속도로 발달한 뇌우가 극심한 난기류를 일으켰을 가능성이 높다"고 분석했습니다. 아큐웨더는 "뇌우는 종종 시속 161km의 강력한 상승 기류를 동반한다"며 "항공기 바로 앞에서 이런 현상이 일어나면 기장이 대응할 시간이 거의 없다"고 설명했습니다.

비상착륙한 여객기는 16년 된 보잉 777-300ER 기종입니다. 싱가포르 당국은 태국으로 사고 조사 담당자를 보냈으며, 미국 국가교통안전위원회도 사고 조사에 참여할 예정입니다.

〈출처: KBS뉴스, https://news.kbs.co.kr/news/pc/view/view.do?ncd=7969299〉

〈사진 출처 : 연합뉴스〉

🛩 벼락 맞아도 승객들은 못 느껴

기류 변화에 따른 터뷸런스 이외에도 여름철 비행기가 흔히 맞닥뜨릴 수 있는 돌발상황에는 벼락(낙뢰)이 있다. 통계에 의하면 전 세계의 대형 항공기는 연간 각각 한 번 정도 벼락을 맞는다. 비행 중 항공기가 벼락을 맞는 것은 비행과정에서 구름을 통과하거나 공기와의 마찰 등 여러 가지 이유로 낮은 전압의 전기를 띠기 때문이다.

그러나 벼락을 맞아 여객기 사고가 발생하거나 승객이나 승무원이 감전되는 경우는 거의 없다. 본래 항공기는 벼락에 대비한 피뢰침이 좌우 및 수직날개 부분에 40~50개나 설치돼 있기 때문이다. 피뢰침에 벼락이 떨어질 경우 수만 볼트의 전류는 정전기 방출기를 통해 공중에 확산된다.

아시아나항공 관계자는 "운항 중 벼락을 맞으면 간혹 뾰족한 부분의 금속이 녹아 버리거나 전류에 의한 일시적 전자시스템 장애를 일으키기도 하지만 승객들은 거의 느끼지 못하는 경우가 대부분"이라며 "벼락이 심한 우박 등 악천후를 동반하지 않는 이상 항공기가 큰 피해를 입는 경우는 거의 없다"고 말했다.

피해가 거의 없기 때문에 비행기가 낙뢰를 맞았다고 해서 별다른 대응을 하는 것은 아니다. 다만 낙뢰가 예상되는 지역에 접어들면 항공기 기장들은 조종석의 밝기를 최대로 맞춰 놓는다. 번개가 엄청나게 밝아 이를 맞았을 경우 순간적으로 시력을 잃을 수도 있기 때문이다.

Bird Strike

'버드 스트라이크(Bird Strike)'도 항공사로서는 골치 아픈 존재다. 버드 스트라이크란 항공기에 새가 충돌해 일어나는 사고를 말한다. 사정을 모르는 사람들은 대형 항공기에 그깟 새 한 마리 부딪혀 죽었다고 해서 대수롭지 않게 생각할 수 있는데 천만의 말씀이다. 시속 370km로 이륙하는 비행기에 0.9kg짜리 청둥오리 한 마리가 부딪히면 항공기는 순간 4.8ton의 충격을 받는다고 한다. 이 정도의 충격이면 조종실 유리가 깨지거나 기체 일부가 찌그러질 수 있다.

국내에서도 매년 평균 60~80건의 버드 스트라이크가 발생하는 것으로 보고되는데 이로 인한 항공사들의 피해가 만만치 않다. 항공기 몸통에 부딪히면 몰라도 자칫 새가 엔진에 빨려 들어가기라도 하면 엔진 내의 블레이드를 망가뜨리거나 심한 경우 엔진을 태우는 등의 손실을 불러오기 때문이다.

2000년 11월에는 부산발 서울행 항공기 엔진에 청둥오리 4~5마리가 한꺼번에 끼어 부산으로 회항하는 소동을 빚기도 했다. 대한항공 관계자에 따르면 지난 10년간 국내에서 발생한 크고 작은 버드 스트라이크는 모두 약 400건에 달하며 이로 인한 피해액은 몇 백억 원이 넘는다고 한다.

비행기 엔진을 고장낼 정도라면 안전에도 심각한 위협이 될 수 있겠다고 생각하는 사람이 있겠지만 꼭 그렇지만은 않다. 현재 운항 중인 대부분의 민항기의 경우 2~4개의 엔진을 갖추고 있어 버드 스트라이크로 엔진 한 개가 고장나더라도 안전하게 비행할 수 있기 때문이다. 다만 보다 안전한 운항을 위해 조류가 충돌하면 조종사는 회항 등의 조치를 취하는 것이 일반적이다.

비행경력 30년이 넘는 아시아나 항공의 이호일 기장은 "터뷸런스나 낙뢰, 버드 스트라이크 등이 결코 반가운 존재는 아니지만 비행을 하다 보면 언제든 닥칠 수 있는 상황이기 때문에 크게 걱정해 본 적은 없다"면서 "비행사고의 80% 이상이 이착륙할 때 벌어진다는 통계에서도 나타나듯 조종사 입장에서는 비행기가 뜨고 내릴 때와 기내 화재 등 안전사고에 더 신경이 쓰인다"고 말했다.

🔹 Bird Strike 직후 항공기 모습

〈출처: 위클리 경향, 2005.8.16〉

1. 기내 불법방해행위(Unlawful Interference)

1) 정의

승객의 기내 불법방해행위는 크게는 항공기 테러, 항공기 납치(Hijacking) 등을 일컫는 총칭이나 기내에서 일어나는 여러 가지 불법행위의 형태도 불법방해행위 중 하나로 볼 수 있다. 즉, 기내 불법방해행위란 승무원의 정당한 직무 집행을 방해하거나 승무원과 탑승객의 안전한 운항이나 여행을 위협하는 일체의 행위를 말한다. 예를 들어 승객(기내 난동승객, Unruly Passenger)이 자제력을 잃고 비이성적인 방식으로 분노를 표출함으로써 업무를 수행하는 승무원을 방해하거나 폭행, 위협, 협박하는 등의 행위가 이에 해당한다.

2) 안전운항을 저해하는 불법행위의 종류

① 폭언, 고성방가 등 소란행위
② 흡연
③ 술을 마시거나 약물을 복용하고 다른 사람에게 위해를 주는 행위
④ 다른 사람에게 성적(性的) 수치심을 일으키는 행위
⑤ 「항공안전법」 제73조를 위반하여 전자기기를 사용하는 행위
⑥ 기장의 승낙 없이 조종실 출입을 기도하는 행위
⑦ 기장등의 업무를 위계 또는 위력으로써 방해하는 행위
⑧ 항공기 내에서 다른 사람을 폭행하거나 항공기의 보안이나 운항을 저해하는 폭행·협박·위계행위(危計行爲) 또는 출입문·탈출구·기기를 조작하는 행위

⑨ 항공기가 착륙한 후 항공기에서 내리지 아니하고 항공기를 점거하거나 항공기 내에서 농성하는 행위

⑩ 항공기 내의 승객이 항공기의 보안이나 운항을 저해하는 행위를 금지하는 기장 등의 정당한 직무상 지시에 따르지 않는 행위

⑪ 공항에서 보안검색 업무를 수행 중인 항공보안검색요원 또는 보호구역에의 출입을 통제하는 사람에 대하여 업무를 방해하는 행위 또는 폭행 등 신체에 위해를 주는 행위

✈ 승객의 탑승을 거절할 수 있는 경우

① 보안검색을 거부하는 사람
② 음주로 인하여 소란행위를 하거나 할 우려가 있는 사람
③ 항공보안에 관한 업무를 담당하는 국내외 국가기관 또는 국제기구 등으로부터 항공기 안전운항을 해칠 우려가 있어 탑승을 거절할 것을 요청받거나 통보받은 사람
④ 항공운송사업자의 승객의 안전 및 항공기의 보안을 위하여 필요한 조치를 거부한 사람
⑤ 승객 및 승무원 등에게 위해를 가할 우려가 있는 사람
⑥ 항공기 내에서 다른 사람을 폭행하거나 항공기의 보안이나 운항을 저해하는 폭행 · 협박 · 위계행위(危計行爲) 또는 출입문 · 탈출구 · 기기의 조작을 하는 사람
⑦ 기장 등의 정당한 직무상 지시를 따르지 아니한 사람
⑧ 탑승권 발권 등 탑승수속 시 위협적인 행동, 공격적인 행동, 욕설 또는 모욕을 주는 행위 등을 하는 사람으로서 다른 승객의 안전 및 항공기의 안전운항을 해칠 우려가 있는 사람

→ 항공운송사업자가 위와 같은 이유로 탑승을 거절하는 경우에는 그 사유를 탑승이 거절되는 사람에게 고지하여야 한다.

3) 기내난동행위

(1) 기내난동행위의 유형

① 유형 Ⅰ : 공격적이나 설득이 가능한 유형
- 항공기 지연 운항, 좌석 불만, 기내 서비스 불만 등이 원인이다.
- 주로 항공사 조치에 관한 불만을 제기하는 유형으로, 기내난동으로 연결되지 않도록 초기에 원만히 해결하는 것이 바람직하다.

② 유형 Ⅱ : 공격적이며 대화가 어려운 유형
- 만취, 흡연, 승객 상호 간 싸움, 폭언, 규정 위반 등이 이에 속한다.
- 유형Ⅰ의 난동행위가 지속되는 경우, 또는 다른 승객의 여행 및 승무원 업무방해, 위협을 끼치는 경우이다.

③ 유형 Ⅲ : 범법적 성격이 농후한 유형
- 승객 혹은 승무원의 신체적 상해행위, 기내설비 파괴행위, 기내반입 금지 무기 휴대 등이 해당한다.
- 유형Ⅱ의 난동행위가 지속되는 경우, 또는 안전운항 및 승객과 승무원의 안전을 심각하게 위협하는 경우에 해당한다.

(2) 기내난동행위 시 대응절차

기내 불법방해행위 중 기내난동행위에 대한 대처요령은 다음과 같다.

■ 1단계 : 설득과 요청
- 해당 승객에게 현재의 행동이 규정에 위반됨을 설명하고, 행위를 즉각 중지할 것을 요청한다.
- 초기 단계이므로 합리적이고 이성적인 설득과 대화가 요구된다.

■ 2단계 : 경고
- 1단계 대응 후에도 해당 승객이 위반행위를 계속할 때에는 위반 규정을

재설명하고 구두경고나 경고장을 제시하며 사법처리될 수 있음을 경고한다.

- 이 단계에서 사무장은 기장과 합의하여 기내업무 방해행위 시 발생보고서(Report)를 작성한다.

■ 3단계 : 강력 대응

- 2단계 대응에도 불응하고, 해당 승객의 기내업무 방해 정도가 안전운항에 직접적이고 심각한 영향을 미칠 것으로 판단되는 경우, 기장과 협의하여 기내 비치된 구금장비를 이용하여, 구금 조치한다.
- 필요시에는 승객과 격리 조치한다.
- 도착지 공항에 연락하여 공항 관할 경찰의 대기요청을 한다. 공항에 도착한 후 경찰에 인계 조치한다.

4) 불법방해행위에 대한 조치

(1) 범죄 증거 수집

기내보안요원은 객실 내 불법방해행위 및 항공안전을 해치는 범죄행위 등을 녹화할 수 있으며, 그 행위를 저지시키기 위해 필요한 조치를 할 수 있다. 범죄자의 범죄행위가 담긴 영상은 개인정보이지만, 기내보안요원이 증거채집을 위하여 범죄행위를 녹화하는 것은 법령상 의무를 준수하기 위한 불가피한 경우에 해당한다. 또한 녹화 자체가 기내보안위반행위를 억제하는 효과를 줄 수 있다.

(2) 협조 요청

기내보안요원은 기내에서 불법행해행위가 발생한 경우 신속한 대응을 위하여 일반 객실승무원에게 임무를 부여하고 필요시 주변 승객에게 협조 요청 등 필요한 조치를 요구할 수 있다.

(3) 경고·제압 및 구금 조치

기내보안요원은 성적 수치심 유발행위, 흡연행위, 단순 소란행위, 기장 등의 정당한 직무상 지시를 따르지 않은 행위 등 불법행위를 중단할 것을 경고할 수 있다. 경고 이후에도 불법행위를 지속하는 승객에 대해서는 항공기내보안요원의 판단에 따라 제압 및 구급조치를 할 수 있다.

또한 폭행행위, 조종실 진입 기도행위, 출입문·탈출구·기기 등의 조작행위와 기내 안전을 위협하는 협박·위계행위, 승무원 업무방해행위, 음주 후 위해행위 등 불법행위를 점한 승객에 대해서는 신속히 제압 및 구금조치(구금 이후에도 고성·폭언 등 위해행위를 지속하는 경우 추가 조치 포함)하여야 한다.

(4) 현행범인체포서 작성

기내보안요원은 기내에서 불법방해행위를 행한 자 및 항공안전을 해치는 범죄자를 현행범으로 체포한 때에는 '현행범인체포서'를 작성하여야 한다.

[별지 제1호 서식]

<table>
<tr><td colspan="3" align="center">현행범인체포서</td></tr>
<tr><td rowspan="4">피의자</td><td>성   명</td><td align="center">(   )</td></tr>
<tr><td>주민등록번호</td><td align="center">(세)</td></tr>
<tr><td>직   업</td><td></td></tr>
<tr><td>주   거</td><td></td></tr>
<tr><td colspan="2">변   호   인</td><td></td></tr>
<tr><td colspan="2">위의 피의자에 대한</td><td>피의사건에 관하여 「형사소송법」 제212조에 따라 동인을 아래와 같이 현행범인으로 체포함.</td></tr>
<tr><td colspan="2">체포한 일시</td><td></td></tr>
<tr><td colspan="2">체포한 장소</td><td></td></tr>
<tr><td colspan="2">범죄사실 및 체포의 사유</td><td></td></tr>
<tr><td colspan="2">체포자의 관직 및 성명</td><td></td></tr>
<tr><td colspan="2">인치한 일시</td><td></td></tr>
<tr><td colspan="2">인치한 장소</td><td></td></tr>
<tr><td colspan="2">구금한 일시</td><td></td></tr>
<tr><td colspan="2">구금한 장소</td><td></td></tr>
</table>

출처: 항공기내보안요원 운영지침

체포 시 고지사항(Notice Upon Arrest)

(형사소송법 제72조)

▶ 귀하를 _____의 현행범으로 체포합니다.

▶ 귀하는 변호인을 선임할 수 있으며 변명할 권리가 있습니다.

▶ (변명의 기회부여) 하고 싶은 말이 있습니까?

▶ (외국인의 경우) 도착 후 당신이 체포된 사실을 귀국의 영사관원에게 통보해 줄 수 있으며, 그들과 접촉하여 교통할 수 있습니다.

▶ You are under arrest in the act of committing _____.

▶ You have the right to retain an attorney and defend yourself.

▶ Do you wish to say anything in answer to the charge?

▶ (For foreigners) At arrival, your arrest will be notified to the consulate of your country and you may be able to contact and communicate with the staff.

출처: 항공기내보안요원 운영지침

5) 승객의 인계

기내보안요원은 도착공항 경찰관서에 사전 협조를 요청하여 불가피한 경우를 제외하고는 항공기 출입문 앞에서 불법행위 승객을 인계하여야 한다.

[별지 제1호 서식]

확 인 서

성   명 :   (   )
주민등록번호 :   (세)
주   거 :

　본인은 20 . . : 경   에서 체포·긴급체포·현행범인체포 구속되면서 피의사실의 요지, 체포·긴급체포·현행범인체포구속의 이유와 변호인을 선임할 수 있으며, 체포구속적부심을 청구할 수 있음을 고지 받고 변명의 기회가 주어졌음을 확인합니다.

20 . . .

위 확인인

　위 피의자를 체포·긴급체포·현행범인체포 구속하면서 위와 같이 고지하고 변명의 기회를 주었음(변명의 기회를 주었으나 정당한 이유없이 가명날인 또는 서명을 거부함).

20 . . .

항공운송사업자(항공)

항고기내보안요원

출처: 항공기내보안요원 운영지침

6) 목격자 진술서 확보

기내보안요원은 불법행위 승객을 도착공항 경찰관서에 인계하는 경우 불법행위 녹화자료와 피해·목격 경위 및 내용 등이 포함된 진술서(참고인 진술도 포함)를 작성하여 경찰관서에 제출하여야 한다.

[별지 제1호 서식]

진 술 서				
성 명			성별	
연 령		주민등록번호		−
등록 기준지				
주 거				
자택전화		직장전화		
직 업		직장		
위의 사람은 항공보안법 위반( ) 사건에 (피해자, 목격자, 참고인)으로서 다음과 같이 임의로 자필진술서를 작성 제출함.				
피해일시				
피해장소				
피 의 자				
피해경위				

출처: 항공기내보안요원 운영지침

2. 처벌 근거 및 정도

항공보안법 위반행위	처벌
[항공기 파손죄] 운항 중인 항공기의 안전을 해칠 정도로 항공기를 파손한 사람	사형, 무기징역, 또는 5년 이상의 징역
[항공기 납치죄] 폭행, 협박 또는 그 밖의 방법으로 항공기를 강탈하거나 그 운항을 강제한 사람	무기 또는 7년 이상의 징역 (사상에 이르게 한 자 : 사형)
[항공시설 파손죄] 항공기 운항과 관련된 항공시설을 파손하거나 조작을 방해함으로써 항공기의 안전운항을 해친 사람	10년 이하의 징역 (사상에 이르게 한 자 : 사형, 무기징역 또는 7년 이상의 징역)
[항공기 항로 변경죄] 위계 또는 위력으로써 운항 중인 항공기의 항로를 변경하게 하여 정상 운항을 방해한 사람	1년 이상 10년 이하의 징역
[직무집행방해죄] 폭행, 협박 또는 위례로써 기장 등의 정당한 직무집행을 방해하여 항공기와 승객의 안전을 해친 경우	10년 이하의 징역
[항공기 위험물건 탑재죄] 휴대 또는 탑재가 금지된 물건을 항공기에 휴대 또는 탑재하거나 다른 사람으로 하여금 휴대 또는 탑재하게 한 사람	2년 이상 5년 이하의 징역 또는 2천만원 이상 5천만 원 이하의 벌금
[공항운영 방해죄] 거짓된 사실의 유포, 폭행, 협박 및 위계로써 공항운영을 방해한 사람	5년 이하의 징역 또는 5천만 원 이하의 벌금
(항공기 내 폭행죄 등) ① 제23조제2항을 위반하여 항공기의 보안이나 운항을 저해하는 폭행 · 협박 · 위계행위 또는 출입문 · 탈출구 · 기기의 조작을 한 사람	10년 이하의 징역
[항공기 점거 및 농성죄] 항공기를 점거하거나 항공기 내에서 농성한 사람	3년 이하의 징역 또는 3천만 원 이하의 벌금
[운항 방해정보 제공죄] 항공운항을 방해할 목적으로 거짓된 정보를 제공한 사람	3년 이하의 징역 또는 3천만 원 이하의 벌금
* 기장 업무 방해	10년 이하의 징역 또는 1억 원 이하의 벌금
* 조종실 출입 기도와 기장 지시 불이행	3년 이하의 징역 또는 3천만 원 이하의 벌금
* 폭언 · 고성방가 소란행위 * 음주 후 위해행위	운항 중 -3년 이하의 징역 또는 3천만 원 이하의 벌금 계류 중 - 2년 이하의 징역 또는 2천만 원 이하의 벌금
* 기내 흡연 * 성적 수치심을 유발하는 행위 * 규정을 위반한 전자기기를 사용한 경우	운항 중- 벌금 1천만 원 이하 계류 중- 벌금 500만 원 이하

5년간 기내난동, 10건 중 3건 '음주행위'

"하늘길 열리니 난리" … 전 세계 기내난동 47% 늘었다

코로나19 유행으로 인한 규제가 풀리면서 국가 간 왕래가 잦아지고 있는 가운데, 기내 난동사건이 전 세계적으로 늘어났다는 분석이 나왔다.

11일 항공업계에 따르면 국제항공운송협회(IATA)는 지난 4~6일(현지시간) 튀르키예 이스탄불에서 열린 제79회 연차총회에서 이 같은 내용을 발표했다. 발표에 따르면 지난해 세계 항공편 1,000편당 발생한 기내 난동은 1.76건(568편당 1건)으로 집계됐다. 이는 2021년 1.2건(835편당 1건)에서 빈도가 약 47% 증가한 수치다.

기내난동사건의 연도별 전체 건수는 공개되지 않았지만, IATA가 지난 3월 글로벌 항공정보 제공업체 OAG를 인용해 발표한 세계 항공편 수는 2021년 2,570만 편, 지난해 3,220만 편이다. 이를 바탕으로 하면 2021년 약 3만 800건이었던 기내난동사건은 지난해 약 5만 6,600건으로 배 가까이 늘어난 것으로 볼 수 있다. 추산하면 하루 평균 84건에서 155건으로 증가한 셈이다.

최근에도 대만 여객기에서 일본 승객이 승무원에게 고함을 지르며 난동을 부리다가 쫓겨나기도 했으며, 한국에서는 승객이 착륙 직전 아시아나항공 여객기의 비상구를 여는 사건으로 큰 문제가 됐다. 또 미국에서는 국내선 비행기 안에서 영아가 운다는 이유로 부모에게 폭언을 한 승객이 쫓겨났다.

지난해 자주 발생한 기내난동을 유형별로 살펴보면 흡연이나 안전띠 미착용 등을 포함한 '승무원 지시 불이행'이 가장 많았고, '언어폭력', '기내 만취'가 그 뒤를 이었다. 지시 불이행은 2021년 항공편 1,000편당 0.224건에서 작년 0.307건으로 빈도가 37% 늘었다. 같은 기간 언어폭력과 기내 만취 빈도는 각각 61%, 58% 증가했다.

IATA는 "지시 불이행 사례는 대부분의 항공사에서 마스크 착용 의무가 사라진 뒤 잠시 줄었으나, 작년 한 해 다시 증가했다"고 설명했다.

IATA는 "기내난동을 줄이기 위해서는 세계 각국이 기내에서 난동을 부린 승객을 항공기 국적과 상관없이 도착한 국가에서 처벌받을 수 있도록 해야 한다"고 촉구했다. 또한 "기내난동으로 발생하는 항공사의 손해배상청구권을 명시한 '몬트리올 의정서 2014'(MP14)를 비준하는 것이 상책"이라고 덧붙였다.

MP14는 기내난동사건 관할권을 항공기가 등록된 국가에 부여한 1963년 도쿄 협약을 보완하기 위한 것이다. 2020년 1월 발효조건인 22개국 비준을 충족해 효력이 발생했으며, 현재 프랑스와 스위스, 이집트, 케냐 등 45개국이 가입했다.

그러나 세계 주요 항공국인 미국과 영국, 중국, 일본 등은 MP14를 비준하지 않아 실효성이 낮다는 지적도 나온다. 이는 자국민을 타국 기준에 따라 처벌받게 할 수 없다는 의지가 작용한 것으로 보인다. 한국 역시 아직 MP14에 가입하지 않은 상태다.

IATA는 "더 많은 국가가 MP14를 비준할수록 통일된 글로벌 가이드라인에 따라 기내난동을 처리, 억제력을 높일 수 있다"고 주장했다.

〈출처: 아시아경제, 2023.6.11〉

🛩 노플라이 제도(No-Fly System)

항공기 기내에서 폭력, 폭언 등으로 항공기 운항 안전을 방해하는 승객에 대해 일시적 또는 영구적으로 탑승을 거부하는 제도를 말한다. 노플라이 대상이 된 승객은 비행 전 심사를 거쳐 탑승이 거부됐음을 서면으로 통지받게 된다.

탑승이 거부되는 대상은 폭행이나 성추행 등 형사처벌이 가능한 중대 불법행위를 저지른 승객으로, 구체적으로

▷ 신체접촉을 수반한 폭행
▷ 성추행 등 성적 수치심이나 혐오감을 야기하는 행위
▷ 욕설, 폭언, 손괴 등 지속적 업무방해로 형사처벌 대상 행위를 한 승객

등이다. 우리나라에서는 대한항공이 국내 최초로 2017년 6월 28일부터 노플라이 제도를 실시하고 있다.

"기내난동 승객, 영원히 비행기 못 탄다"

대한항공이 기내에서 난동을 부렸던 승객을 대상으로 탑승을 거부하는 '노플라이' 제도를 처음으로 시행한다. 대한항공은 기내에서 항공안전을 방해하는 승객을 대상으로 일정 기간 또는 영구적으로 탑승을 거부하는 'KE 노플라이' 제도를 이달 중순부터 시행 중이라고 28일 밝혔다.

그동안 국내 항공사들은 고객 서비스를 위해 난동 고객에 대해서도 소극적으로 대응한다는 지적을 받았다. 해외의 경우 벌금보다는 실질적인 처벌 법규 강화로 기내난동을 강력 대응하고 있다.

최근 국내에서도 기내난동 사례가 많아지고 그 도를 넘어서면서 대한항공은 지난해 말 테이저(전기충격기) 사용, 승무원 대상 항공보안훈련 강화 등 엄정 대처 계획을 밝힌 바 있다. 대한항공은 'KE 노플라이' 제도 시행에 따라, 비행 전 심사를 거쳐 탑승 거부 대상으로 분류되는 승객들에 한해 서면으로 탑승 거부 등을 통지한다는 계획이다.

탑승 거부 통지를 무시하고 탑승을 시도하는 승객에 대해서는 운항 전 항공기에서 강제로 내리도록 하고, 운항 중 난동객이 발견될 경우 항공기 운항정보 교신시스템으로 내용을 접수해 적극 대응하기로 했다.

〈출처: 노컷뉴스, 2017.6.28〉

3. 객실승무원의 항공보안업무

1) 보안 관련 브리핑

기장 및 객실사무장은 운항 전 브리핑 시 승무원의 기내 보안활동을 위한 보안 사항을 포함하여 브리핑한다. 브리핑 내용은 전 승무원이 보안요원임을 명시하고, 운항 전·후의 철저한 기내보안 점검, 기내 보안장비의 관리, 승객 동향 감시 및 조종실 출입 통제, 비상상황 시 비상연락 및 대응대책, 귀중품 및 위험물 탑재정보 등 비행과 관련하여 필요한 정보를 교환하고 대책을 협의한다.

2) 기내보안 점검

객실승무원은 항공기 운항 전 승무원 휴게실 등을 포함하여 항공기 보안사항에 따라서 보안 점검을 실시하여야 한다. 승무원은 점검사항 확인 후 객실사무장에게 점검 결과를 보고하고 객실사무장은 '기내 보안 점검 및 보안장비 CHK-LIST'에 점검 결과를 기록한다.

아시아나항공 기내보안 점검 및 보안장비 CHK-LIST

✈ **기내 위해물품의 검색**

항공기 납치 및 폭파 위협 정보를 입수한 경우 또는 항공기에서 폭발물을 발견한 경우 관계기관의 협조하에 항공기 내·외부 전반에 대하여 위해물품 은닉 탑재 여부를 확인하기 위한 검색을 실시하여야 한다.

지상에서는 폭발물 처리 전문가가 실시하고 객실승무원은 기내 구조설명과 안내 및 검색에 필요한 사항에 대하여 협조한다.

운항 중 폭발물 위협 등으로 객실승무원이 기내 위해 물품을 검색해야 할 때에는 보안점검표에 의거하여 2인 1조로 검색을 실시하며 좌측에서 우측으로, 전방에서 후방으로 진행한다. 승무원은 검색 도중 수시로 눈을 감고 조용히 귀를 기울여서 시계 소리 또는 기타 음향이 들리는지의 여부를 확인한다.

Crew Rest Bunk 보안 점검

Crew Rest Bunk의 보안 점검은 Bunk의 위치에 따라 담당 Zone 승무원이 실시한다. 점검 전·후의 시건상태를 확인하고 의심스러운 물체 또는 은닉한 자가 있는지 점검한다. 이는 운항 전·후뿐만 아니라 운항 중에도 주기적으로 확인하도록 한다.

아시아나항공기 천장에 숨어 … 中 여성 3명 美 밀입국

중국인 여성 3명이 아시아나항공 비행기 천장에 20시간 넘게 숨어서 미국으로 밀입국을 시도한 것으로 밝혀졌다.

15일 국토교통부에 따르면 20대 2명과 30대 1명 등 중국 국적의 여성 3명이 '아시아나항공 B747-400' 항공기에 잠입해 미국으로 밀입국하다가 지난달 29일(현지시간) 로스앤젤레스(LA) 공항에서 적발됐다.

지난달 27일(현지시간) 러시아 블라디보스토크를 거쳐 인천공항으로 입국한 이들은 28일 인천~홍콩 구간 탑승권으로 아시아나항공에 탑승했다. 이들은 홍콩 도착 직전 비행기 천장에 있는 승무원 휴게실로 몰래 들어가 휴게실 구석에 있는 한 평 남짓한 배전함에 숨었으며 홍콩에서 내리지 않았다.

이와 관련 아시아나항공 관계자는 "이들이 정확히 언제 승무원 휴게실로 들어갔는지는 알 수 없다"고 말했다.

이 비행기는 일본 도쿄의 나리타공항을 경유해 인천공항으로 다시 왔다가 LA로 향했다. 3개 공항에서 청소를 하는 동안 항공사 보안요원들이 기내를 점검했지만 이들을 발견하지 못했다.

홍콩~도쿄~인천~LA는 비행시간이 18시간 정도 되고, 3개 공항에서 각각 1시간 반씩 총 5시간 정도 머물렀기 때문에 이들이 숨어 있었던 시간은 20시간이 넘는다.

이들은 미국에 정치적 망명을 신청한 것으로 알려졌다. 국토부는 이들의 신원과 밀입국 동기는 파악하지 못하고 있다.

이에 대해 국토부 관계자는 "국적항공사에서 이런 일이 생기지 않도록 승무원 휴게실에 대한 보안 점검을 강화하고 출입문을 꼭 잠그도록 의무화했다"고 전했다.

〈출처 : 세계일보, 2013.4.16〉

 기내식 및 기용품 보안 점검

객실승무원은 기내에 탑재된 Cart 또는 Container의 Seal 상태와 번호를 확인해야 한다. Seal이 훼손되어 있거나 기내식 탑재물품이 아닌 물품이 발견된 경우 이를 객실사무장과 기장에게 보고하여 케이터링 담당자와 상호 확인 후 필요 시 Cart의 교체를 요청한다.

항공기 출발 전 승객 자발적 하기 시 보안조치

승객이 항공기 탑승 후 자발적으로 하기를 원하는 경우 이를 기장 및 공항직원에게 알린다. 하기를 원하는 승객은 본인의 소지품 및 휴대수하물을 반드시 소지하고 하기해야 하며 승무원은 자체 점검 시 하기 승객 주변을 점검하고 필요시 기내 전체를 재점검할 수 있다. 물론 승객 하기의 원인이 항공사 또는 관계기관에 있는 경우 기내 재점검을 실시하지 않을 수 있으며 이때 해당승객의 휴대품과 위탁수하물은 반드시 하기해야 한다.

3) 항공기 및 조종실 출입절차

① 항공기 출입 가능 인원은 다음과 같다.

- 당해 항공편 탑승권을 소지한 승객
- 항공사 신분증을 소지한 당해 항공편의 Duty 또는 Deadhead Crew, OJT Crew임
- 항공사 신분증을 소지하고 업무상 출입하는 항공사 직원
- 지정된 지상조업체 직원
- 국내외 법규에 따른 업무수행을 목적으로 항공기 출입이 인정되는 자 (항공안전감독관, 항공보안감독관, 세관, 경찰, 국정원 직원 등)

 '청정구역 발동'

조종실 문 앞을 청정구역이라고 하며 평소에는 화장실 이용 목적 외에 조종실에 접근하는 승객을 통제한다. 기장은 생명위협 행위나 조종실 파괴 시도 및 실제 파괴 행위가 있을 때 객실사무장으로 하여금 청정구역 발동을 선포하게 하는데, 이때 객실승무원은 모든 승객이 착석할 수 있도록 하고, 조종실 문 앞을 Cart로 봉쇄한다.

'조종실 2 Person Rule'

조종실 내에 최소 2명의 승무원이 있어야 한다는 의미이다. 2명의 운항승무원이 근무 중 1명의 운항승무원이 조종실을 비울 경우 객실승무원 중 1명이 조종실에 들어가 2명이 되어야 한다. 이때 객실승무원은 보조석에 위치하며 조종실 출입 시 이를 다른 승객이 볼 수 없도록 해야 한다.

② 조종실 출입 가능 인원은 다음과 같다.
- 당해 항공편 승무원, Deadhead Crew, OJT Crew
- 당해 항공편 탑승정비사
- Cockpit Auth 소지자
- 필요한 서류(Form)를 갖춘 항공안전감독관, 운항자격심사관, 항공보안 감독관

4) 승객의 통제

(1) 승객의 동향 감시

객실승무원은 승객 탑승 시 출입문에 위치하여 탑승객의 동향을 감시해야 한다.
- 탑승 시 거동이 수상한 승객
- 탑승 후 갑자기 다른 이유 없이 하기하려는 승객
- 외형상 포장상태가 조잡하거나 일단 포장 후 개봉한 흔적이 있는 수하물을 소지한 승객
- 탑승하자마자 곧바로 화장실로 가는 승객
- 화장실 이용에 장시간 소요되는 등 거동이 이상한 승객
- 좌석 밑에서 의심스러운 행위를 하는 승객
- 좌석 배정 후 특별한 사유 없이 좌석 이동을 요청하는 승객
- 어딘가 어리숙해 보이거나 무엇을 숨기는 듯한 승객

- 행위가 부자연스럽고 승무원과 대면을 기피하는 승객
- 승무원의 안내에 대하여 과잉반응을 보이는 승객
- 주위 시선을 피하거나 주의하는 승객
- 주위를 살피고 Galley, Lavatory, 조종실 및 승무원 휴게실 주변을 기웃거리거나 배회하는 승객
- 다른 사람이 듣지 못하게 또는 낮은 목소리로 이야기하거나 멀리 있는 승객에게 특이한 신호를 보내는 승객
- 불필요한 질의나 행위를 하는 승객

위와 같이 의심스러운 승객을 발견하였을 경우 객실사무장 및 기장에게 보고하고 안전운항을 위한 적절한 조치를 취해야 한다.

(2) 특별승객

■ 호송대상자 호송절차

호송대상자 호송 시에는 호송책임자가 동승하며 이들에게는 알코올성 음료를 제공하지 않아야 한다. 호송대상자는 기내에서 수갑을 착용한 상태여야 하고, 금속제 나이프, 포크 등을 제공하지 않는다. 호송대상자는 승객들이 탑승하기 전에 탑승하고 승객이 모두 하기한 후 마지막으로 하기시킨다. 호송대상자와 호송책임자는 좌석을 기내 후방에 배치하고 기내 Galley, 출입구, 통로, 비상구열 좌석으로 배정하지 않는다.

■ 입국거부자(INAD: Inadmissible Passenger) 및 강제퇴거자(Deportee Passenger)

입국거부자 및 강제퇴거자는 일반적으로 항공기 후미에 탑승하고 탑승 시 여권 등 입국에 필요한 서류를 객실승무원이 보관하고 있다가 하기 시 공항직원에게 인계한다. 기내 탑승 및 하기 순서는 해당 국가 정부기관의 요청에 따라 달라질 수 있으며, 객실승무원은 운항 중 지속적으로 관찰한다.

■ 무장한 승객과 무기의 운송 절차

항공기에 탑승 시 무기는 소지할 수 없으며 경호, 범죄인 호송 등 공적인 업무 수행을 위하여 불가피하게 기내에 탑재할 경우에는 사전 허가를 득한 후 조종실 내에 탑재할 수 있다.

총기는 실탄과 분리하여 기장 책임하에 조종실 내 무기 보관함에 탑재 및 보관한다. 단, 기내보안요원은 필요시 사전 허가를 득한 후 지정된 무기를 기내에 휴대할 수 있다.

5) 수하물 및 액체류 반입

(1) 객실 내 반입 제한 물품

항공기의 안전 및 보안을 위하여 무기류, 골프채 등은 승무원, 승객에게 위협이 될 수 있는 물건으로 보아 객실 내에 탑재할 수 없다. 또한 액체, 분무, 겔류 물질은 국제선 항공편 객실 내 반입금지 물품이다.

객실승무원이 운항 전 기내 반입금지 물품을 발견한 경우 이를 위탁수하물로 처리하거나 승객 동의하에 폐기처분해야 한다. 또한, 승객이 기내에서 반입금지 위해물품을 불법방해행위 등의 목적으로 사용하고자 하는 것을 인지한 경우, 「항공보안법」에 의거하여 그 행위를 저지하기 위해 필요한 조치를 취해야 한다.

(2) 액체류 기내반입 허용 조건

단위 용기당 100ml 이하의 용기에 담아 최대용량 1리터를 초과하지 않는 TRSPB(Transparent Re-Sealable Plastic Bag, 재봉인 가능 투명 봉투)에 담아 운반 가능하며, 승객 1인당 1개의 TRSPB만 허용된다.

1. 기내 응급상황 및 처리절차

수백 명의 승객이 탑승한 항공기가 장거리 운항을 하다 보면 기내에서 응급환자가 발생하는 경우가 간혹 있다. 우리나라의 경우 국내선은 비행시간이 대부분 1시간 내외이므로 응급환자가 발생하더라도 어느 정도 조치가 가능하지만, 장거리 국제선의 경우는 양상이 조금 달라진다. 비행 중 기내에서 응급환자가 발생한 경우, 객실승무원은 환자의 상태를 진단하거나 처방하는 것이 아니라 의료진에게 환자를 인도할 때까지 필수적인 응급처치를 실시하는 것이 임무이다.

1990년대 초반 아시아 지역 항공사들은 기내 응급용으로 간단한 구급의료용구(First Aid Kit)와 응급약품이 들어간 약품함만 실었으며, 1993년경부터 국제선에 전문 의약품과 간단한 수술이 가능한 의료기구가 탑재되기 시작했다.

오늘날에는 이외에도 국제규정에 맞는 응급처치 키트(Emergency Medical Kit), 갑작스러운 심장마비에 사용할 수 있는 자동제세동기(Automatic External Defibrillator), 골절 및 화상 등 외상에 대비한 키트(First Aid Kit) 등이 실려 있다.

기내에 응급환자가 발생하면 1차적으로 객실승무원이 기내에 비치된 비상약품 및 의료기기를 사용하여 응급처치[4]를 하게 되고, 그 즉시 기장에게 보고하도록 되어 있다. 기장은 환자의 상태를 보아 가면서 적절한 조치를 취하게 되는데, 우선 기내에 탑승한 승객 중 의료인을 찾아 도움을 요청하게 된다.

그러나 기내에서 닥터콜을 이용하거나 다른 방법을 동원해도 의사와 연결할 방법이 없거나 또는 환자가 위독하여 다음 목적지까지 견디기 어렵다고 판단되면, 최악의 경우 가까운 공항에 긴급착륙하게 되는 경우도 있다. 이때는 착륙

---

4) 기내에 탑재된 약품을 제공할 때는 먼저 승객에게 약품내용을 설명하고, 그 약에 대한 부작용이 있는지 확인한 후 승객이 요구할 경우 승객의 책임하에 복용하도록 한다.

에 앞서 공항 측에 구급차와 의료인력 지원을 요청하여 착륙 즉시 환자를 인근 병원으로 이송할 수 있도록 한다.

> ✈ **Doctor Paging : 닥터 콜(Doctor Call), 기내 환자 발생 시 의사 호출**
>
> 기내에서 응급환자가 발생, 환자의 상태가 심각하다고 판단되어 응급처치가 어려울 경우, 기내방송을 통해 승객 중에서 의사나 간호사 등 의료인이 있는지 찾아보게 되는데, 이것을 닥터 콜(Doctor Call)이라 한다.
>
> 다음으로, 닥터 콜을 통해서 찾아보았으나 만일 해당 기내에 의료인이 아무도 탑승하지 않았다면 먼저 근처를 비행하는 같은 항공사 소속 항공기에 닥터 콜을 요청하여 도움을 구하게 된다. 그러나 이때는 같은 방향으로 나는 비행기에 한한다. 반대 방향으로 비행하는 항공기와는 서로 시속 900km 정도의 고속으로 비행하고 있기 때문에 무선통화 가능권 내에서 금방 지나 버리므로 진료에 어느 정도의 시간을 요하는 환자라면 그다지 도움이 되지 않기 때문이다.
>
> 예를 들어 뉴욕으로 가는 항공기에서 환자가 발생했다면 앞뒤로 워싱턴이나 시카고 또는 캐나다 등지로 가고 있는 항공기에도 협력을 요구해 승객 중에 의사가 있으면 그 항공기의 조종실에 들어가서 항공기 간 사내 무선으로 교신하면서 의료상의 도움을 받을 수 있도록 하는 것이다. 이러한 방법은 같은 회사의 항공기뿐만 아니라 근처를 지나는 다른 항공사 편으로부터도 도움을 받을 수 있다.

2. 응급상황 시 유의사항

- 승무원은 응급상황에 효율적으로 대처하기 위해 승무원 상호 간에 협조한다.
- 환자 주위에 다른 승객들의 접근을 막고 환자를 안정시킨다.
- 환자의 상태에 따라 편안한 자세를 취하도록 하고, 필요시 객실 내 적절한 공간을 마련한다.
- 환자의 과거 병력을 파악하고 대처한다.
- 위급한 환자의 경우는 승무원이 항상 환자 옆에서 지속적으로 도움을 제공하도록 한다.

- 환자 상태에 관해 기장에게 지속적으로 보고한다.
- 중간 기착지에서 승무원이 교대하는 경우는 환자 상태에 관한 정보를 교대 팀에 상세히 알린다.

3. 환자 발생 시 행동원칙

1) 상황판단

- 환자를 안정시킨다.
- 환자로부터 도움이 필요한지의 여부를 확인하고, 환자의 동의를 받는다.
- 질병 발생의 상황을 파악하고, 환자가 소지하고 있는 의약품을 먼저 확인한다.
- 환자에 대한 병력을 확인한다.

2) Communication

- 다른 승무원의 도움을 요청한다.
- 기장에게 통보한다.
- 필요시 닥터 콜을 실시하며, 의료진이 없을 경우 기장과 협의하여 지상으로 의학적 도움을 요청한다.
- 응급발생 시 신속한 사용을 위해 기내 의료장비를 환자 주변에 비치해 둔다.

3) ABC Survey

ABC Survey란 질병의 위급성 여부를 파악하기 위해 승무원이 실시하는 응급처치의 기초 단계로서 환자의 기도, 호흡, 심장운동을 확인하는 절차이다.

- ABC Survey 시 가장 먼저 환자의 의식을 확인해야 하는데, 환자를 흔들어 보고 큰 소리로 괜찮은지를 묻는다.
- 다음으로 기도유지를 위해 머리를 뒤로 젖히고 턱을 들어올린다.
- 환자가 호흡을 하고 있는지 확인하기 위하여 기도를 유지한 상태로 가슴의 움직임을 확인하고 귀를 입과 코에 가까이 갖다 대고 숨이 입과 코에서 나오는지 3~5초 동안 확인한다.

4) Secondary Survey

발병 당시 환자의 상태가 위급하지는 않으나 방치해 두면 심각한 상황으로 진행할 수 있는 질병이나 부상에 있어서 그 악화의 가능성을 미연에 방지하기 위한 절차이다.

- 환자와 면담한다.
- 주변 승객들과 면담한다.
- 환자의 활력증상(맥박, 호흡, 체온, 혈압, 피부색)을 지속적으로 관찰한다.
- 환자의 질병, 건강상태를 계속 확인한다.
- 응급처치 내용을 순서별로 기록한다.

4. 심폐소생술과 AED 사용

1) 심폐소생술 실시

기내에서 심정지 의심 승객 발견 시 객실승무원은 호흡과 맥박 확인 후 필요한 경우 심폐소생술을 실시하여야 한다.

심정지 의심 승객을 처음 발견한 승무원은 우선 다른 승무원들에게 도움을 청하고 다른 승무원들이 기내에서 의료인을 찾고, AED를 가지고 오는 동안 가슴압박소생술을 실시한다. 이때 가슴압박을 30회, 기도를 열고 인공호흡을 2회(인공호흡 보조장치 활용) 하며 AED 사용 전까지 계속 실시한다.

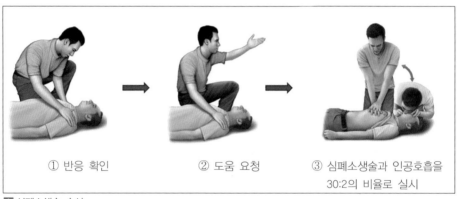

① 반응 확인　　　　　② 도움 요청　　　　　③ 심폐소생술과 인공호흡을
　　　　　　　　　　　　　　　　　　　　　　　　30:2의 비율로 실시

🔼 심폐소생술 순서

출처: 질병청 홈페이지, 2020년 한국심폐소생술 가이드

심폐소생술의 시작은 인공호흡보다는 가슴압박을 먼저 시작하는 것이 효과적이며 가슴압박의 위치는 가슴의 중앙에 있는 복장뼈(흉골)를 이등분하였을 때 아래쪽 하부의 중간 부위(복장뼈의 아래쪽 1/2 부위)를 강하게 규칙적으로, 빠르게 압박해야 한다.

성인 심장정지의 경우 압박 깊이는 약 5cm, 가슴압박의 속도는 분당 100~120회를 유지한다. 소아의 경우 한 손으로, 생후 12개월 미만의 영아의 경우 두 손가락(검지와 중지 또는 중지와 약지)으로 가슴압박을 할 수 있다. 가슴압박은 다른 승무원 및 주변에 도움을 요청하여 번갈아 실시하도록 한다.

2) 올바른 가슴압박의 자세

심폐소생술을 할 때에는 환자를 바로 누운 자세로 눕힌 뒤 환자의 옆에서
무릎을 꿇은 자세로 팔꿈치를 수직
방향으로 펴고 체중을 이용하여 압
박한다. 가슴압박은 심장정지 환자
의 가슴 정중앙(복장뼈의 아래쪽 1/2)
에 한 손의 손바닥 뒤꿈치를 올려놓
고 그 위에 다른 손을 올려서 겹친
뒤 깍지를 낀 자세로 시행한다.

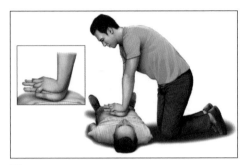

⬆ 가슴압박의 올바른 자세
출처: 질병청 홈페이지, 2020년 한국심폐소생술 가이드

3) 자동제세동기(AED)

심장정지 환자에 대한 심폐소생술은 뇌 손상을 지연시킬 수 있는 약간의
시간을 확보할 수는 있지만 즉시 심장박동을 회복시키지는 못한다. 자발순환
을 회복시키려면 심정지 초기에 제세동 처치를 해야 한다.

자동제세동기(Automated External Defibrillator, AED)는 환자의 심전도를 자동
으로 분석하여 제세동이 필요한 심장정지를 구분해 주며, 사용자가 제세동을
시행할 수 있도록 유도하는 장비이다. 기내에는 기종마다 항공사마다 다양한
종류의 AED가 탑재되지만 기본적인 원리는 거의 비슷하며 교육을 받은 승무
원들은 사용법을 숙지하고 있어야 한다.

자동제세동기의 음성 지시에 따라 패드를 부착하고 제세동 버튼을 누르기
전에 주위 사람들이 환자로부터 떨어지도록 해야 한다.

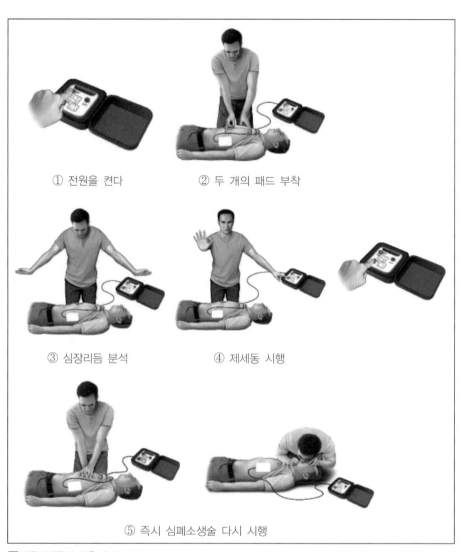

① 전원을 켠다　　② 두 개의 패드 부착

③ 심장리듬 분석　　④ 제세동 시행

⑤ 즉시 심폐소생술 다시 시행

🔼 자동제세동기 사용 순서

출처: 질병청 홈페이지, 2020년 한국심폐소생술 가이드

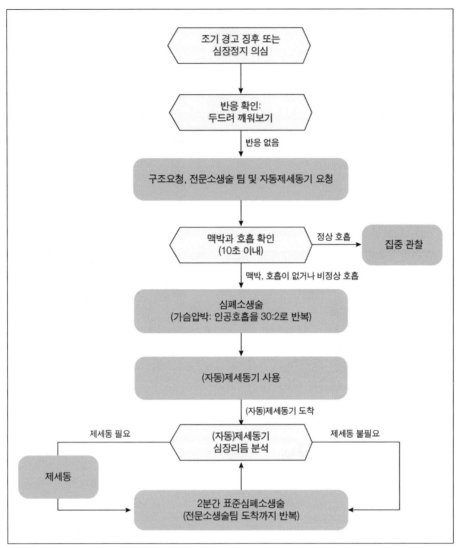

🔼 기본 심폐소생술 순서

출처: 질병청 홈페이지, 2020년 한국심폐소생술 가이드

5. 기도폐쇄

기내에서는 이물질이나 음식물로 인하여 기도폐쇄를 원인으로 하는 응급환자가 발생하는 경우가 있다. 부분적인 폐쇄라면 숨가쁜 증상만 나타날 수 있지만, 심한 폐쇄인 경우 숨소리가 비정상적으로 들리기도 하고, 청색증, 의식저하가 나타날 수 있다. 완전한 폐쇄는 급히 치료하지 않으면 사망으로 이어질 수 있기 때문에 초기 응급처치가 상당히 중요하다.

만약, 승객이 가벼운 기도폐쇄 증상을 보이면서 기침을 크게 하고 있다면, 환자의 자발적인 기침과 숨을 쉬기 위한 노력을 방해하지 않도록 한다. 그러나 심각한 기도폐쇄의 징후를 보이며 효과적으로 기침을 하지 못하는 성인이나 1세 이상의 소아를 발견하면 즉시 등 두드리기(back blow)를 시행한다.

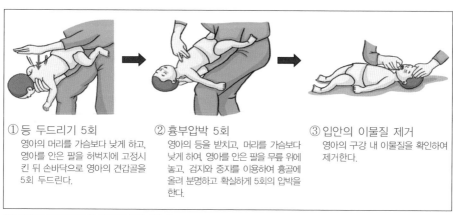

① 등 두드리기 5회
영아의 머리를 가슴보다 낮게 하고, 영아를 안은 팔을 허벅지에 고정시킨 뒤 손바닥으로 영아의 견갑골을 5회 두드린다.

② 흉부압박 5회
영아의 등을 받치고, 머리를 가슴보다 낮게 하여, 영아를 안은 팔을 무릎 위에 놓고, 검지와 중지를 이용하여 흉골에 올려 분명하고 확실하게 5회의 압박을 한다.

③ 입안의 이물질 제거
영아의 구강 내 이물질을 확인하여 제거한다.

🔲 영아의 기도폐쇄 응급처치(하임리히법)
출처: 응급의료포털

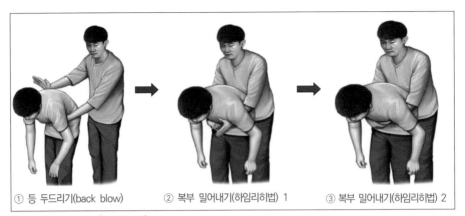

① 등 두드리기(back blow)　② 복부 밀어내기(하임리히법) 1　③ 복부 밀어내기(하임리히법) 2

⬆ 기도폐쇄 응급처치(하임리히법)
출처: 질병청 홈페이지, 2020년 한국심폐소생술 가이드

　등 두드리기를 5회 연속 시행한 후에도 효과가 없다면 5회의 복부 밀어내기(Abdominal Thrust, 하임리히법)를 시행한다. 기도폐쇄의 징후가 해소되거나 환자가 의식을 잃기 전까지 계속 등 두드리기와 복부 밀어내기를 5회씩 반복한다. 1세 미만의 영아는 복강 내 장기손상이 우려되기 때문에 복부 압박이 권고되지 않는다. 성인 승객이 의식을 잃으면 승객을 바닥에 눕히고 심폐소생술을 시행한다. 다만, 임산부나 고도 비만 승객의 경우에는 등 두드리기를 시행한 후 이물이 제거되지 않으면, 복부 밀어내기 대신 가슴 밀어내기(Chest Thrust)를 시행한다.

숨 못 쉬는 日 12세 승객 살린 대한항공 승무원

18일 서울 김포공항을 떠나 일본 오사카 간사이공항으로 향하던 대한항공 KE739편 보잉 777-200 항공기 안에서 오후 5시 50분경 비명 소리가 퍼졌다. 기내 중간 좌석에 앉은 일본인 어린이 승객 A양(12)이 호흡 곤란을 일으키며 목을 부여잡자 옆에 앉은 부모가 도움을 요청한 것이다. 기내 앞쪽에서 착륙 준비를 하던 이창현 사무장(37)은 23일 동아일보와의 통화에서 "소리를 듣고 비상 상황을 직감한 뒤 기내 중간으로 빠르게 이동했다"고 당시 상황을 전했다.

김은진(27), 하승이 승무원(21)이 A양을 처음 발견헸을 때는 이미 기도가 막힌 상태에서 의식을 잃어가고 있었다. 이들은 양팔로 환자를 뒤에서 안는 것처럼 잡고 배꼽과 명치 사이의 공간을 주먹으로 세게 밀어 올리는 응급조치인 '하임리히법'을 시행했다.

그럼에도 상태는 나아지지 않았다. 이 사무장이 현장에 도착했을 때 A양은 이미 얼굴에 핏기를 잃고 바닥에 주저앉은 상태였다. 이 사무장은 "A양의 어머니는 최악의 상황을 예감했는지 기내 바닥에 주저앉아 오열했고, 아버지는 A양의 빰을 때리면서 '죽으면 안 된다'며 소리를 질렀다"고 전했다.

긴박한 상황에서 이 사무장은 "응급처치가 조금이라도 지연되면 큰일이 날 것 같다는 생각에 A양을 번쩍 들어올려 하임리히법을 이어갔다"고 했다. 이 사무장이 팔에 피멍이 들 정도로 힘주어 2분여 동안 30여 차례 응급조치를 시행해도 A양은 혈색이 돌아오지 않았다. 그가 다른 응급처치법을 써야겠다고 생각하며 마지막으로 A양의 복부를 세게 밀어 올리는 순간 '꾸르륵' 하는 소리가 났다. 이 사무장은 "공기가 폐로 들어가는 소리가 나고서야 주변 상황이 시야에 들어왔다"면서 "저를 비롯해 직원들이 회사에서 정기적으로 안전교육을 받았던 덕분에 위급한 상황에서 대처가 가능했다"고 설명했다. A양의 기도를 막은 것은 빠진 어금니 유치(乳齒)인 것으로 확인됐다.

A양을 안정시킨 승무원들은 착륙 준비를 하며 휠체어를 마련하고 간사이공항에는 응급차 대기를 요청했다. 오후 6시 23분 착륙 후 A양은 부축을 받지 않고 스스로 걸어 나왔고 병원에 도착해서도 이상이 없다는 의사 진단을 받았다.

〈출처: 동아일보, 2019.8.24〉

선한 사마리아인 조항이란?

응급의료에 관한 법률에 선의의 응급의료에 대한 면책 조항이 있다. 이 법 제5조2(선의의 응급의료에 대한 면책)는 "생명이 위급한 응급환자에게 해당하는 응급의료 또는 응급처치를 제공하여 발생한 재산상 손해와 사상에 대하여 고의 또는 중대한 과실이 없는 경우 그 행위자는 민사 책임과 상해에 대한 형사 책임을 지지 아니하며 사망에 대한 형사 책임은 감면한다"고 규정함으로써, 선의의 구조자를 보호할 수 있는 법적 근거를 제공하고 있다.

CHAPTER

비상탈출 및 비상착수

비상탈출 및 비상착수

비상탈출의 유형

1. 비상착륙과 비상착수

비행 중 항공기 기체의 중대한 결함이나 돌발적인 비상상황이 발생한 경우, 더이상 운항하지 못하고 기장의 판단하에 비상탈출을 시도하게 된다. 육상에 긴급히 착륙하는 것을 비상착륙(Emergency Landing)이라 하고, 바다, 강, 호수 등에 긴급 착륙하는 것을 비상착수(Ditching)라고 한다.

2. 준비상황에 따른 구분

비상상황(Emergency Situation) 발생에 따른 비상착륙(Emergency Landing)에는 준비된(Planned) 비상착륙과 준비되지 않은(Unplanned) 비상착륙이 있으며, 승무원은 각 상황에 따라 대처요령을 숙지해야 한다.

준비된(Planned) 비상착륙인 경우는 항공기, 승무원, 승객 및 공항까지도 모든 비상상황에 대비하여 사전준비를 수행할 시간적 여유가 있는 경우로, 특히 승객에게 비상상황에 대한 정보 전달이 가능하다. 그러나 준비되어 있지 않다면 이는 비상상황에 대한 사전예고가 거의 없거나 전혀 없는 경우로, 비상탈출에 대한 대비가 전혀 없는 상태를 말한다. 이는 주로 항공기 이착륙 시에 발생한다.

　본 장에서는 비상상황에 대비할 시간적 여유가 있는 준비된 비상착륙인 경우를 중심으로 탈출절차를 알아보도록 한다.

1. 운항승무원 브리핑

기내에 비상상황이 발생하면 객실승무원과 운항승무원 상호 간에 원활한 커뮤니케이션 및 협조가 우선적으로 이루어져야 한다. 객실승무원이 비상상황의 유형, 잔여시간 등의 상황을 정확히 파악하지 못하면 승객을 통제하거나 비상착륙 및 비상착수에 따르는 사전 준비를 할 수 없게 된다. 그러므로 비상상황 발생 시 객실사무장은 기장과의 브리핑을 통해 비상상황 대처에 대한 의사소통 및 협의를 하고, 기장으로부터 다음의 사항을 정확히 파악하도록 한다.

- 사고원인 및 비상상황의 유형(비상착륙/착수, 항공기문제, 기상조건 등)
- 비상탈출 준비가 가능한 시간 및 잔여시간
- 충격방지자세 신호방법 및 신호자
- 비상탈출 신호방법 및 탈출 신호자

2. 객실승무원 브리핑

- 객실사무장은 기장과의 브리핑 내용을 전체 객실승무원에게 전달하고, 비상착륙에 필요한 준비사항을 브리핑한다.
- 객실승무원 각자에 대한 임무를 부여하고 비상상황 유형 및 잔여시간을 고려하여 객실 내에서의 준비 절차를 수립하도록 한다. 이를 통해 객실승무원이 승객을 효과적으로 통제하고 철저한 사전준비를 할 수 있다.

객실승무원의 브리핑 내용은 다음과 같다.

- 신속한 탈출준비를 위한 승무원 간 상호 협의
- 임무분담 및 담당탈출구 지정
- 승객에게 상황에 대한 정보전달 시 행동요령 및 Demo 내용
- 협조자 선정 및 협조사항
- 탑승객 파악(인원수, 좌석위치, 특수승객 등) 및 승객 좌석 재배치
- 비상구 작동, 탈출지휘 방법 및 탈출 후 행동요령

3. 승객 브리핑

- 비상상황 시 승객들의 동요를 막고 승무원의 지시에 침착하게 따르도록
  함으로써 피해를 최소화할 수 있다.
- 준비시간이 충분히 예고된 비상탈출일 경우, 승무원은 우선 승객을 진정시
  키고 객실을 통제해야 한다.
- 승객을 대상으로 충격방지자세와 비상구, 탈출요령 등에 대해 PA를 통해
  안내방송을 하거나, 담당구역별로 승무원이 분담하여 전체 승객에게 소그
  룹으로 나누어 설명한다.
- 이때 모든 객실조명은 Full Bright로 한다.

승객에게 전달해야 할 내용은 다음과 같다.

- 승객의 주의를 집중시킨다.
- 모든 승객이 좌석벨트를 착용하도록 한다.
- 승객 좌석주변 점검 및 승객 휴대수하물을 정리, 보관한다.
- 승객 좌석 등받이, Tray Table, 개인용 모니터 등을 원위치하도록 한다.
- 충격방지자세를 시범으로 보이고, 이와 관련한 주의사항을 설명한다.
- 승객에게 비상탈출구의 위치를 확인시킨다(대체 비상구도 확인).
- 승객에게 Demo를 실시하고 Safety Information Card의 내용을 숙지하도록

한다. 비상탈출 시 도움이 필요한 승객(장애인, UM, 노약자 등)에게는 Safety Demo의 내용을 개별적으로 브리핑한다.

- 승객의 금연준수를 강조한다.
- 부상방지 및 탈출 시 슬라이드 손상방지를 위해 날카로운 물건을 제거하도록 하고, 옷은 몸에 끼지 않도록 느슨하게 입도록 한다.
- (비상착수 시) 승객들로 하여금 신발을 벗어 선반에 넣고 구명복을 착용하도록 한다. 단 충격방지자세 동작과 탈출할 때의 방해 및 탈출 시 구명복이 파손될 우려가 있으므로 구명복은 기내에서 부풀리지 않도록 한다.

4. 협조자 선정 및 좌석 재배치

1) 협조자 선정 및 임무 부여

- 비상상황 발생 시 무엇보다 짧은 시간에 많은 승객을 안전하게 탈출시키는 데 어려움이 따르게 된다. 그러므로 객실 해당구역 승객들 중에서 협조자를 선정하고, 이들로 하여금 Door의 개방, 지체부자유자의 탈출협조, 승객통제 등을 하도록 함으로써 단시간 내에 신속한 탈출을 도모할 수 있다.
- 협조자는 승객 중 항공사 직원, 경찰, 소방관, 군인 등을 우선적으로 선정한다.
- 협조자 선정 후, 우선 비상탈출구에 배치할 협조자를 선정하고 임무를 부여한다. 협조자 3명을 선정하여, 1명은 승무원을 협조하도록 하고, 2명은 먼저 탈출하여 Slide 하단에 대기시켜 탈출하는 승객을 협조하도록 한다.
- 또한 노약자, 장애자 등 도움이 필요한 승객들을 위한 협조자를 선정하고 임무를 부여한다.

2) 좌석 재배치

- 탈출을 용이하게 하기 위하여 협조자의 좌석을 주어진 임무에 맞게 담당 탈출구 주변에 재배치한다. 즉 임무에 따라 비상구 주변, 지체부자유자 옆으로 좌석을 지정해 주고 이들에게 탈출구 개방 또는 개방협조, 지체부자유자의 탈출협조 등을 지시한다.

5. 객실 및 갤리 안전조치

항공기가 접지하는 순간, 기체는 엄청난 충격과 심한 요동이 있게 된다. 따라서 각종 유동물을 완벽하게 고정시키지 않을 경우, 이러한 유동물이 신속한 탈출에 장애요인이 될 수 있다. 또한 승객의 신체에 심각한 상해는 물론 생명에 위협을 가할 우려가 있으므로 사전에 방지해야 한다.

비상탈출에 대비한 준비시간이 매우 부족한 경우, 객실 및 Galley 시설물 고정을 가장 먼저 점검해야 한다.

1) 객실 점검 및 안전조치

- Overhead Bin 닫힘상태
- 승객 휴대수하물의 안전한 보관
- 승객의 좌석벨트 착용상태 확인
- 좌석 등받이, Tray Table, 개인용 모니터 등의 원위치 상태

2) 갤리 점검 및 안전조치

- 갤리 내 각종 기물을 Compartment에 보관
- Cart, Container, Coffee Pot 등 유동물건 고정(Locking & Latching)

6. 최종점검

- 객실조명을 조절한다(객실을 항공기 외부보다 어둡게). – 객실조명 Dim
- 기장에게 객실준비상태 완료상황을 보고한다.
- 각 승무원들은 비상탈출 시 임무를 재숙지한다.
- 지정된 승무원 좌석에 착석하고 좌석벨트와 Shoulder Harness를 착용한다.
- 준비된 비상상황 시 객실 준비점검을 모두 마치고 Jump Seat에 착석한다.
- Emergency Light On – 착륙 약 2분 전 운항승무원의 "This is the Captain, Crew at stations. Emergency Light On" 방송 후 Emergency Light를 On하여 비상탈출구를 알린다(준비되지 않은 비상상황 시 탈출 직전에 On시킨다).

7. 충격방지자세 실시

- 비상착륙(착수) 시 항공기가 접지하면서 기체는 심한 충격을 받게 되며, 이때 승객의 머리와 목 등은 벨트를 착용하고 있는 상태에서도 심한 손상을 입을 우려가 있다.
- 충격방지자세(Brace for Impact)는 이와 같이 충격이 큰 사고가 발생하는 경우 신체에 미치는 위험을 감소시켜 강한 충격으로부터 생명을 보호하는 가장 효과적인 방법이다.
- 충격방지자세는 항공기가 완전히 정지할 때까지 유지한다.
- 준비된 비상착륙인 경우 통상 착륙 1분 전에 운항승무원이 "This is the Captain. Brace for impact. Brace for impact."를 방송하고 Seat Belt Sign On/Off를 4회 신호 후 "충격방지자세 Brace"를 Shouting하며, 충격방지자세를 취한다.

충격방지자세 명령어

비상탈출 시 승무원은 승객에게 긴급하게 대피를 지시해야 하는 상황이므로 Shouting은 명료하고 이해하기 쉬운 표현을 사용한다.

• **준비된 비상탈출 시**

충격방지자세!
Brace!

• **준비되지 않은 비상탈출 시**

시간적인 여유가 없어 충격방지자세를 설명하지 못한 경우, 객실승무원은 비상상황이라는 것을 인지한 후(첫 번째 충격을 받는 즉시) 다음과 같이 Shouting하며 승객을 탈출시킨다.

발목 잡아! 머리 숙여! 자세 낮춰!
Grap ankles! Heads down! Stay low!

충격방지자세(Brace for Impact)

충격방지자세는 기본적으로 양손으로 머리를 감싸고 상체를 숙여 앞좌석 등받이에 기대는 자세이다. 어린아이의 충격방지자세는 좌석벨트가 몸에 맞도록 등쪽에 쿠션을 넣어 벨트를 단단히 조이고 다리 사이로 머리를 넣게 하고 옆좌석의 어른이 머리를 손으로 숙이게 한다.

유아를 안은 승객
• 보호자만 좌석벨트를 매고 유아를 마주한 채로 감싸 안고 머리를 숙인다.

• 상체를 숙이고 양팔로 발목을 잡는다.

• 발목을 잡기 힘든 승객은 발목 대신 양팔을 다리 밑으로 끼어 감싼다.
• 머리를 최대한 양발의 사이로 깊숙이 넣는다.
• 양발을 어깨넓이로 벌려 약간 앞으로 내밀어 발바닥을 힘껏 밀착시킨다.

• 전향 승무원
  – Safety Belt 및 Shoulder Harness 착용
  – 턱이 가슴에 닿도록 머리를 숙이고 양손으로 좌석을 잡는다.

• 후향 승무원
  – Safety Belt 및 Shoulder Harness 착용
  – 머리와 등을 등받이에 밀착시키고 양손으로 좌석을 잡는다.

✈ **충격방지자세**

승객	충격방지자세	
2점식 BELT	• 양팔로 무릎을 감싸거나 다리 밑으로 끼어 감싼다. • 이마를 앞좌석 등받이에 대거나 무릎 위에 둔다.	
3점식 BELT	• 양손을 허벅지 위에 둔다. • 머리를 앞으로 숙여 턱을 아래로 당긴다.	
좌석벨트 미착용 어린이/ 아기	• 좌석벨트는 보호자인 성인 승객만 착용한다. • 보호자는 어린이와 마주보면서 어린이의 다리가 자신의 허리부분을 감싸게 하여 안고, 아기의 경우는 아기를 마주본 채 품에 안는다. • 보호자의 양팔로 어린이/아기의 목을 받치고 몸을 구부려 이마를 앞좌석 등받이에 대거나 무릎 위에 둔다.	

8. 탈출결정을 위한 상황판단

1) 준비된 비상상황인 경우

기장의 탈출지시 방송 또는 탈출 신호음(Evacuation Signal)을 듣는 즉시 탈출을 시작한다. 만일 적절한 조치가 없을 경우 기장에게 비상신호(Emergency Signal)로 연락한다. 단 조종실과 연락시도 중이라도 탈출지시방송 또는 탈출신호음(Evacuation Signal)을 듣는 즉시 탈출을 시작한다.

기장의 Emergency Command

비상탈출이 필요하지 않은 경우
"This is the Captain. Remain seated. Remain seated."
비상탈출이 예상되는 경우
"This is the Captain. Crew at station. Crew at station."
비상탈출이 필요한 경우
"This is the Captain. Evacuate! Evacuate!"

2) 준비되지 않은 비상탈출의 경우

객실승무원은 비상탈출 여부를 결정하기 위해 인터폰이나 조종실 Door를 직접 두드려 조종실과 연락을 시도하고 객실상황을 보고한다. 단 조종실과 연락시도 중이라도 탈출지시방송 또는 탈출신호음(Evacuation Signal)을 듣는 즉시 탈출을 시작한다.

3) Emergency Light On

Emergency Light는 급작스런 정전이나 화재로 시야가 가려질 때 비상구를 찾기 위해 항공기 Aisle 바닥에 설치되어 있으며, 비상착륙 후 자동으로 켜진다. 일반적으로 객실사무장 Station Panel에 작동 Switch가 있다.

4) Cockpit과 연락이 되지 않을 시

다음과 같은 경우에는 승무원이 비상탈출을 스스로 결정할 수 있다. (운항승무원이 Emergency Check List에 의한 업무수행 중 객실의 연락에 응답이 불가능한 상황)

- 항공기의 심각한 구조적 손상
- 위험한 화재나 연기 발생
- 승객들이 위험상태에 직면했을 경우

9. 승객탈출 명령

승무원은 Jump Seat에서 일어나 Flash Light를 들고 지정된 탈출구로 가서 좌석이탈 명령을 승객에게 Shouting으로 알린다. 즉 탈출명령 시 Megaphone, Flash Light 등을 사용하여 Shouting한다.

 승객탈출 명령어

- **비상착륙 시**

  벨트 풀어! 일어나! 나와! (짐 버려!)
  Release seat belt! Get up! Get out! (Leave everything!)

- **비상착수 시**

  벨트 풀어! 구명복 입어! 일어나! 나와!
  Release seat belt! Get your life vest! Get up! Get out!

10. 항공기 탈출

1) 외부상황 판단

승무원은 탈출하기 직전 항공기의 구조적 손상, 객실 화재 여부, 탈출에 이용할 비상탈출구의 사용 가능성 및 Slide의 필요성을 확인한다.

- 비상상황의 유형을 파악하여 항공기 비상착륙 후의 정지자세에 따라 이용할 수 있는 탈출구를 선정한다.
- 만일 기체 외부에 화재가 발생한 경우 반대쪽 탈출구를 이용한다.
- 비상착수 시 수면 위에 위치한 탈출구를 이용하며, Slide 팽창 여부도 결정한다.

2) Door 개방 비상탈출구(Emergency Door) 작동 및 탈출

- 비행기가 멈추면 재빨리 탈출에 이용할 비상구를 개방하고 비상탈출 미끄

럼대를 펴서 탈출을 돕는다. 이때 Slide Mode가 Armed 상태인가를 확인하고 Door를 Open해야 하며, Slide가 자동으로 펼쳐지지 않으면, Manual Inflation Handle을 잡아당겨 Slide를 팽창시킨다.

- 승무원이 한 개 이상의 탈출구를 담당하고 있을 경우, 필요시 협조자에게 외부상황을 확인하고 탈출구를 개방하도록 지시한다.
- 탈출하기에 정상적인 Door인지 다음의 사항들을 기준으로 판단할 수 있다.
  - 슬라이드의 완전한 팽창 여부
  - 안전한 각도
  - 화재발생 여부
- 만일 탈출구나 Slide/Raft의 사용이 불가능한 경우, 승객들을 다른 탈출구로 안내한다.

B747-400, A380 항공기의 비상착수 시

- No.3 Door는 Slide만 장착되어 있으므로, 비상착수 시 승객들을 Slide/Raft가 장착되어 있는 Door로 유도해야 하므로, Manual로 Disarmed Mode 설정 후 Open한다.
- U/D Door도 Slide만 장착되어 있기 때문에 비상착수 시 사용할 수 없으므로 L1으로 탈출한다.(Only B747)

3) 비상구 유도 Shouting

상황을 파악하고 비상탈출구를 작동시킨 후 다음과 같이 Shouting한다.

- **탈출구 정상**

  탈출구 정상! 이쪽으로!
  Good exit! Come this way!

- **탈출구 불량**

  탈출구 불량! 사용 불가! 화재 발생! 저쪽으로! 건너편으로!
  Bad exit! Door jammed! Fire! Go that way! Cross over!

4) 탈출 흐름 통제 Shouting

비상착륙 시, 탈출구가 정상적으로 작동되면 다음과 같이 Shouting한다.

 Slide

앉아 내려가! 한 사람씩! 양팔 앞으로!
Sit and slide! One at a time! Arms straight ahead!

Slide/Raft

뛰어 내려가! 두 사람씩! 양팔 앞으로!
Jump and Slide! Two at a time! Arms straight ahead!

비상착수 시, 탈출구가 정상적으로 작동되면 다음과 같이 Shouting한다.

 Slide

구명복 부풀려! 물로 뛰어들어! 헤엄쳐 가서 잡아!
Inflate your life vest! Jump into the water! Swim to the slide and hold on!

Slide/Raft

구명복 부풀려! 안쪽으로! 기어서 안쪽으로! 앉아! 자세 낮춰!
Inflate your life vest! Step into the raft! Crawl to the far side! Sit down! Stay low!

승객탈출 지휘 시, 승무원은 승객의 탈출을 방해하지 않는 위치에서 Assist Handle을 잡고 몸을 벽면에 붙이고 승객을 신속히 탈출시킨다.
단, 항공사별로 차이가 있을 수 있다.

 보조핸들(Assist Handles)

비상구 옆에 있는 핸들로서 Door를 열거나 닫을 때 추락 등 사고방지를 위해 부착된 손잡이

⬆ Assist Handles

비상탈출구 수

여객기의 비상탈출구 숫자는 기종에 따라 다르다. FAA(미국 연방
항공청 : Federal Aviation Administration)가 제정하여, 전 세계
의 여객기 제작사들이 적용하고 있는 FAR(Federal Aviation
Regulations: 연방항공규칙)라는 것이 있는데 그 기준에 보면
'90초 룰' 이내라는 것이 있다. 이는 긴급 시에 승객, 승무원들
이 여객기에 설치되어 있는 일반출입구 및 비상용 탈출구 중
에서 50%의 출입구를 사용하여 90초 이내에 전원 탈출이 가
능한 수(數)의 탈출구를 마련해야 한다는 내용이다. 즉 승무원
들은 비행기 정지 후 90초 이내에 모든 승객을 외부로 탈출시

켜야 한다고 명시되어 있다. 그 이유는 여객기가 활주로로부터 오버런(Over Run)을 하거
나 바다에 불시착했다고 가정하면, 많은 경우 기체 외부에 화재가 발생하게 되고 모든
출입구를 사용할 수 없을 수도 있다는 뜻이다. 충격 등으로 인해 출입문이 망가지거나
찌그러들어서 비상구의 일부 사용이 불가능해지는 경우가 있다고 가정하기 때문이다.

그러므로 항공기 제작사가 신형기에 대한 형식증명을 받을 때, 현장실험을 실시해야
하는데 이때 정원 수만큼의 승객, 승무원을 싣고 야간이나 창문 블라인드를 모두 내려
어둡게 한 상태에서 기내로부터 탈출하여 90초 이내에 탈출이 가능하다는 것을 증명해
야 한다. 이 때문에 항공기 제작사들도 비상구와 복도 등 기내구조를 이에 맞게 만들어야
하므로, 비상탈출구는 기내에 있는 승객, 승무원 전원이 90초 이내에 안전하게 탈출할
수 있도록 설계되어 있다.

주요 기종별 비상착륙 시 탈출구 수는 다음과 같다.

기 종	비상 탈출구 수	Slide/Raft (그 외는 Slide)	기 종	비상 탈출구 수	Slide/Raft (그 외는 Slide)
B747-400	10, U/D 2	No.1, 2, 4, 5	B737	4 (OverWing*4)	(모두 Slide)
B747-300	8, U/D 2	No.1, 2, 4, 5	A330-300	8	No.1, 2, 3, 4
B777-300	10	No.1, 2, 4, 5	A330-200	8	No.1, 2, 4
B777-200	8	all	A300-600	8	No.1, 2, 4
A350	8	No.1, 2, 3, 4	A380	10, U/D 6	M/D No.1, 2, 4, 5 (No. 3), U/D No. 1, 2, 3

* 소형기의 경우 날개 쪽 동체부분에 떼어낼 수 있는 Window Exit가 양쪽에 각 두 개씩 설치되어 있으며 비상탈출용으로
만 사용한다.

5) 항공기로부터의 탈출

- 항공기에 잔류 승객이 없는지 확인한다.
- First Aid Kit, Megaphone, Flash Light, ELT 등 반출 휴대장비를 가지고 탈출한다.
- 일단 항공기 외부로 나오면 가급적 항공기 내부로 다시 들어가지 않도록 해야 한다.
- 항공기로부터 화염, 폭발을 피해 안전거리까지 대피한 후 승객을 모은다.
- 항공기 사고 주변에서 멀어지지 않아야 구출에 용이하다.
- 이때 비상착수 시는 Mooring Release Handle을 잡고 Slide/Raft에 승객을 신속히 탈출시켜 옮겨 태우고 기체에서 Raft를 분리한다. Slide Raft가 없는 경우 수영으로 안전한 거리까지 이동한 후 Help 자세나 Huddle 자세를 취한다.

📥 비상탈출 절차(Evacuation Procedure)

운항승무원 브리핑	기장과 객실사무장 브리핑 (상황 및 정보접수 : 상황의 유형, 잔여시간 등 파악)		
객실승무원 브리핑	객실사무장이 기장 브리핑 내용을 객실승무원에게 전달, 객실준비절차 수립		
승객 브리핑	- 기내방송을 통하여 승객에게 비상상황 및 유의사항 전달 (담당 Zone승무원이 안내방송에 따라 직접 안내) - 비상탈출관련 안내, 충격방지자세 시범		
협조자 선정 및 좌석배치	승객 중 비상탈출 협조자 선정 및 좌석 재배치		
객실 및 GLY/LAV 안전조치	객실/GLY, LAV 점검 및 안전조치 - 승객 수하물 보관상태 확인 - OHB locking상태 점검 - LAV상태 점검 - GLY 점검		
최종 점검	- 객실조명 조절(Dim) - 기장에게 객실준비상태 완료상황 보고 - 비상탈출 시 임무 재숙지 - 승무원 Jump Seat 착석, Emergency light on		
충격방지자세 실시	- 착륙 1분 전 기장신호에 의 해 충격방지자세 - Shouting 반복 실시	준비된 비상탈출	충격 방지자세! Brace!
		준비되지 않은 비상탈출	발목 잡아! 머리 숙여! 자세 낮춰! Grap ankles! Heads down! Stay low!
탈출결정을 위한 상황판단	- 객실승무원은 탈출에 대비하며, 조치가 없을 경우 기장에게 비상 신호 - 준비되지 않은 비상착륙의 경우, 탈출여부를 결정하기 위해 조종실과 연락 시 도(Emergency light on)		
승객탈출 명령	- Cockpit 비상신호에 따라 좌석 이탈 유도 - 협조자에게 외부상황 확인 후 탈출구 개방 지시		
항공기 탈출	- 외부상황 판단 - Slide Mode 확인 - Door Open - 비상구로 유도		
	- 외부상황 확인 - Slide Mode 확인 - 비상구 열기 - 비상구로 유도 - 탈출흐름 통제 - 잔류 승객 확인 - 필요시 반출품 소지 후 탈출		

충격방지자세 Shouting

준비된 비상탈출	충격 방지자세! Brace!
준비되지 않은 비상탈출	발목 잡아! 머리 숙여! 자세 낮춰! Grap ankles! Heads down! Stay low!

탈출구 확인 후 Shouting

탈출구 정상	탈출구 정상! 이쪽으로! Good exit! Come this way!
탈출구 불량	탈출구 불량! 사용 불가! 화재 발생! 저쪽으로! 건너편으로! Bad exit! Door jammed! Fire! Go that way! Cross over!

항공기 탈출 시 Shouting

착 륙 시	Slide	앉아 내려가! 한 사람씩! 양팔 앞으로! Sit and slide! One at a time! Arms straight ahead!
	Slide/ Raft	뛰어 내려가! 두 사람씩! 양팔 앞으로! Jump and slide! Two at a time! Arms straight ahead!
착 수 시	Slide	구명복 부풀려! 물로 뛰어들어! 헤엄쳐 가서 잡아! Inflate your life vest! Jump into the water! Swim to the slide and hold on!
	Slide/ Raft	구명복 부풀려! 안쪽으로! 기어서 안쪽으로! 앉아! 자세 낮춰! Inflate your life vest! Step into the raft! Crawl to the far side! Sit down! Stay low!

준비된 비상탈출 절차 방송문

주의 집중(Gain Attention)

손님 여러분, 주목해 주십시오.
긴급사태가 발생했습니다.
이 비행기는 약_분 후 비상착륙/착수하겠습니다.
저희 승무원들은 이러한 상황에 대비하여 충분한 훈련을 받았습니다.
침착해 주시고 지금부터 객실 승무원들의 지시에 따라주십시오.
Ladies and Gentlemen, we need your attention.
We have to make an emergency landing/ditching in about __minutes.
We are trained to handle this situation.
Please remain calm and follow the instructions of Cabin Crew.
Crosscheck!

CATERING ITEM 수거 및 승객 좌석 점검
(Pick Up Catering Items & Secure Seatbacks/Traytables)

저희 승무원들이 여러분의 좌석으로 가게 되면 수거하기 쉽도록 식사 Tray나 빈 캔 등을 통로 쪽으로 내놓아주십시오.
좌석 등받이를 지금 바로 세워주시고 Traytable은 닫아주십시오. 발 받침대와 개인용 Video를 제자리로 해주십시오.
Please give your trays to our Cabin Crew when they come to collect them. Put your seat back to the upright position and stow traytables, footrest and in-seat video units at this time.
Crosscheck!

위해물품 제거 및 수하물 정리 보관
(Remove Sharp/Loose Items & Stow Carry-on Items)

펜이나 장신구 같은 날카로운 물건을 모두 치워주십시오.

착륙	스파이크가 박힌 신발 및 하이힐은 벗으십시오. 벗은 신발 및 하이힐은 좌석 밑 또는 선반 안에 넣으십시오.
착수	신발을 모두 벗으십시오. 벗은 신발은 좌석 밑 또는 선반 안에 넣으십시오.

넥타이나 스카프와 같은 느슨한 물건들은 풀어주십시오.
풀어낸 모든 물건은 소지하신 가방 안에 넣으십시오.
착륙 전에 안경은 벗어서 양말이나 상의 옆 주머니에 넣으십시오.
좌석 앞 주머니 속에는 아무것도 넣지 마십시오.
소지하신 모든 짐은 좌석 밑 또는 선반 안에 넣으십시오.
객실승무원들이 통로에서 여러분을 도와드리겠습니다.

Please put away all sharp objects such as pens and jewelry.

| Landing | Remove spiked shoes and high heel shoes. And place them underneath your seat or in the overhead bins. |
| Ditching | Remove all shoes. And place them underneath your seat or in the overhead bins. |

Also remove loose objects such as neckties and scarves.

Put all of these items in carry-on baggage.

Remove eyeglasses before landing and put them in your sock or a side coat pocket.

Do not put anything in the seat pocket in front of you.

Put all carry-on items under a seat or in an overhead bin.

Our Cabin Crew will be in the aisles to assist you.

Crosscheck!

구명복 착용(Don Life Vest)-시연 필요

좌석 밑이나 옆에 있는 구명복을 꺼내십시오.

탭을 잡아당겨 구명복을 주머니에서 꺼내십시오.

머리 위에서부터 입으시고 끈을 몸에 맞도록 조절해 주십시오.

항공기 내에서는 절대 부풀리지 마십시오.

항공기에서 나가면서 아래쪽에 있는 붉은 탭을 잡아당겨 구명복을 부풀리십시오.

구명복은 위쪽에 있는 붉은색 고무관을 불어서 부풀릴 수 있습니다.

아기나 어린이를 동반하신 분은, 저희 승무원들이 아이들에게 구명복을 입히는 것을 도와드리겠습니다.

도움이 필요하신 다른 분께서 계시면 승무원이 도와드리겠습니다.

Remove the life vest located under or on the side of your seat by pulling on the pouch tab.

Place it over your head and adjust the straps around your waist.

Do not inflate the vest inside the aircraft.

When you leave the aircraft, pull down on the red tab(s) at the bottom to inflate the vest.

The vest can also be inflated by blowing into the red tubes at the top.

If you are traveling with infants or small children, the Cabin Crew will assist your children.

Please notify our Cabin Crew if you require assistance.

Crosscheck!

좌석벨트 착용(Fasten Seatbelt)-시연 필요

좌석벨트를 매십시오.
버클을 끼우고 끈을 아래쪽으로 하여 단단히 조여주십시오.
'벨트 풀어'라는 지시가 있으면 버클 덮개를 들어 올리십시오.
Fasten your seatbelt.
Place the metal tip into the buckle and tighten the strap around you.
When told to release your seatbelt, lift the top of the buckle.
Crosscheck!

충격방지자세(Describe Bracing Positions)-시연 필요

착륙 직전에 충격방지자세를 취하라는 신호가 있을 것입니다.
신호는 _____(신호내용을 기술)이며, 이때 승무원들이 충격방지자세를 취하라는 지시를 할 것입니다.
The signal to brace will be given just before landing.
The signal will be (describe signal), and the Cabin Crew will direct you to brace.

충격방지자세를 취하라는 신호가 있으면 발을 바닥에 대고 양팔로 무릎을 감싸거나 다리 밑으로 끼어 감싸 안으십시오. 이마는 앞좌석 등받이에 대거나 무릎 위에 대십시오. 어깨끈이 있는 좌석의 경우 양손을 허벅지 위에 두고 머리를 앞으로 숙여 턱을 아래로 당기십시오.
When instructed to brace for impact, place your feet on the floor, cover your knees with your arms or wrap your arms tightly under your legs. Place your forehead on the seatback in front of you or on your knees. If you are seated at 3-point belt seat, place your hands on your thighs and lower your head forward and pull your chin down.

충격방지자세는 항공기가 완전히 정지할 때까지 취하고 있어야 합니다.
이후, 승무원의 지시에 따라주십시오.
Hold this bracing position until the aircraft comes to complete stop.
Then follow the instructions of your crew.

아기나 어린아이와 함께 계신 분은 저희 승무원들이 어린이가 충격방지자세를 취할 수 있도록 도와드리겠습니다.
도움이 필요하신 다른 분은 저희 승무원들이 도와드리겠습니다.
If you are traveling with infants or small children, the Cabin Crew will assist you to prepare your child to brace.
For anyone else needing help, the Cabin Crew will assist you.
Crosscheck!

비상착륙 시 탈출구 위치 안내(Identify Exit Locations)-시연 필요

이 항공기의 탈출구는 양쪽에 각각 __개씩, 총 __개가 있습니다.
Exits on this aircraft are __ doors, __doors on each side of the aircraft.

객실승무원들이 여러분 위치에서 가장 가까운 비상구를 가리키고 있습니다.
가장 가까운 비상구는 여러분 뒤쪽에 위치할 수도 있으니 다시 한번 확인하십시오.
바닥에 설치된 비상유도등은 붉은색으로 표시된 탈출구까지 안내할 것입니다. 탈출 지시가 있으면 가장 가까운 탈출구 쪽으로 가십시오. 항공기를 탈출하여 지상에 도착하면 항공기로부터 멀리 피하십시오.
The Cabin Crew are pointing to the exits nearest to you, and be aware your closest exit may be behind you.
Emergency track lighting installed near the floor will lead you to an exit, which is identified by a red light.
When instructed to evacuate, go to the nearest exit.
When you reach the ground, run away from the aircraft.
Crosscheck!

Safety Information Card 내용 재확인
(Review Safety Information Card)-시연 필요

좌석 앞 주머니 속에서 Safety Information Card를 꺼내어 좌석벨트, 충격방지자세, 탈출구 위치 및 탈출구 작동법을 재확인하십시오.
저의 승무원들이 통로에서 여러분을 도와드리고 질문에 답해 드리겠습니다.
주목해 주셔서 감사합니다.
Read the Safety Information Card in your seat pocket and review seatbelt operation, bracing position, exit locations and exit operation.
Cabin Crew will be in the aisles to assist you and answer any questions.
Crosscheck!

1. 비상탈출 후 승객의 현상

- 육체적 현상 : 탈수, 체온 저하, 동상, 굶주림 등
- 심리적 현상 : 사고에 대한 각종 공포(고통, 나약함, 주위 환경 등)

2. 탈출 후 생존 일반지침

- 탈출 후 승객, 승무원의 잔류 인원을 파악한다.
- 부상승객에 대한 응급처치를 실시한다.
- Slide/Raft, Raft에 있는 사용 가능한 비상장비를 확인하고 환경에 따른 생존지침 절차를 수립한다. 구조신호 발신, 물과 음식물 수집, 온도조절방법 등 잔류 인원들에게 임무를 부여한다.

3. 비상착수 시 탈출 후 지침

비상착수하는 경우, 항공기에서 취해야 할 비상탈출절차가 일부 비상장비를 제외하고 비상착륙 시와 거의 유사하다. 항공기에서 탈출한 후에도 승객과 승무원이 예상치 못하게 수면 위에서 생존해야 한다는 것을 제외하고는 비상착륙과 유사한 탈출과정을 거치게 된다.

1) 비상착수의 특성

- 비상탈출에 있어서 대부분의 공항이 바다 근처에 위치하고 있고 항공기

사고의 약 80%가 이착륙 과정에서 발생하므로 항공기 사고발생 시 비상착수의 가능성도 높다고 볼 수 있다.

- 비상착수는 비상착륙과는 달리 수면 위라는 특수한 환경으로 인해 비상착륙 시보다 훨씬 심각한 상황에 처하게 될 수 있다. 특히 물속에서의 생존을 위하여 열악한 주위 환경을 극복해야 하며, 구조기가 도착할 때까지 뜨거운 태양열, 극심한 일교차, 거친 파도 등을 이겨내야 한다.

◻ 비상착수 훈련 중
출처: 중앙일보, 2020.2.21. https://www.joongang.co.kr/article/23711769#home

- 구조활동에 많은 시간이 소요된다. 조사에 의하면 사고발생지가 육지로부터 35마일 내에서 발생했을 경우 구조될 때까지 대체로 2~4시간 소요되었으며, 육지와의 거리, 날씨, 시간 등에 의해 구조에 소요되는 시간이 더 길어질 수도 있다. 또한 이용할 구명정이 없을 경우 물속에서 구조될 때까지 견뎌야 한다.

2) 탈출 후 생존지침

- 항공기가 빠르게 가라앉으면 Slide/Raft를 분리한 후 가능한 한 빨리 먼 곳으로 대피한다.
- 안전거리 이동 후 Canopy, Sea Anchor 등을 설치하고 가능한 한 사고지점으로부터 멀리 표류하지 않도록 한다.
- 체온저하를 막기 위한 방지자세를 취하고, 가능한 신체부위를 물 밖으로 내놓는다.

3) 체온저하 현상 방지

- 체온저하(Hypothermia)는 신체 내부의 체온이 정상온도 이하로 떨어져 신체기능이 저하되는 증상으로 체내의 생성 체열보다 빼앗기는 열량이 많을 때 발생한다.

- 체온저하는 인간이 차가운 물에 잠겼을 때 사망하게 되는 가장 큰 요인이 되므로, 수중에서의 체온저하를 막는 것은 생존 연장을 의미하며 구조될 가능성을 높이는 결정적 요소가 된다. 체온저하가 생존에 치명적인 이유는 심장기능의 저하와 심장발작 그리고 순간적인 입수 충격에서 오는 과호흡(Hyperventilation) 증상을 초래하기 때문이다.

 과호흡

호흡을 지나치게 빨리한 결과, 폐와 혈액 내 탄산가스 분압이 정상수치보다 적게 되어 나타나는 현상을 말하며, 극심한 공포, 흥분, 긴장을 느낄 때 나타난다. 현기증, 손발저림, 경직 등의 증상이 나타난다.

- 항공기 비상착수로 인한 체온저하는 원인에 따라 사고에 의한 체온저하(Accident Hypothermia)와 입수에 의한 체온저하(Immersion Hypothermia)로 구분한다.

 체온저하 방지자세

외부조건에 의한 체온저하 현상 방지를 위해서는 가능한 한 신체를 웅크려서 노출 부위를 작게 하여 몸에서 빼앗기는 열을 최소화해야 한다.
생존자들이 물속에 있을 경우 체온저하 방지를 위한 자세는 H.E.L.P(Heat Escape Lessening Posture)와 Huddle자세를 취하며, 가능한 한 많은 신체부분을 물 밖으로 내놓는다.

- H.E.L.P(Heat Escape Lessening Posture)
  - 물속에서 태아처럼 몸을 웅크려 체온을 최대한 유지할 수 있는 자세로서 체온손실이 많은 목과 겨드랑이, 허벅지 안쪽을 몸에 바짝 붙여 체온을 유지하는 자세로 개별적인 체온유지 자세이다.

- Huddle 자세
  - 비상착수 시 항공기 탈출 후 집단으로 무리를 이루는 단체의 체온유지 자세이다. 물속에서 태아자세를 취한 여러 명의 사람들이 서로서로 팔짱을 끼고 원형모양으로 모여 체온 손실을 줄이는 자세이다.

⬆ 승무원 체험 훈련 중 – Huddle 자세
출처: 신아일보, 2013.5.28

✈ '허드슨강의 기적' US에어웨이 사고기

1월 15일 승객 승무원 155명을 태우고 뉴욕 라과디아공항(LGA)을 이륙한 US1549편(A320–214)이 이륙 직후 새 떼와 충돌해 엔진 고장을 일으키자 침착하게 대응하여 허드슨강(Hudson River)에 안전하게 불시착하면서 전원이 목숨을 건졌다.

미국 언론들은 일제히 사고 여객기 기장에 대해 영웅담을 쏟아냈고 통신사들은 전 세계를 향해 '허드슨강의 기적(a miracle on the Hudson)'이라고 타전했다.

여객기는 허드슨강에 내리면서 기수를 약간 든 상태로 착수했다. 그래서 뒤쪽이 약간 가라앉은 상태인데다 많은 승객들이 뒤로 몰려 있었다.

설렌버거 기장은 허드슨강에 비상착수한 후 기체 앞뒤의 비상구 4개 중에서 뒤쪽 좌우 2개의 비상구를 열지 못하도록 조치했다. 기체가 가라앉기까지 시간을 벌기 위해서였다. 그래서 뒤쪽에는 비상용 구명보트가 나오지 않았고 1등석 승객들이 타고 있는 구명보트는 구조대원들이 가져온 것이 아니라 비상착수 직후 여객기에 설치돼 있는 비상용 구명보트라는 것을 알 수 있다. 뒤쪽의 일반석 승객들은 날개 위에서 기다린 것이다.

기장은 또한 불시착 후에 비행기 안을 순찰하면서 승무원과 승객 전원이 탈출한 것을 확인하고 나서 자신도 탈출하는 등 마지막 순간까지 냉철하게 수습했다. 사고기는 착수한 지 약 1시간 후에 수몰됐다. 기장은 인터뷰 중 다음과 같이 말했다.

"We were simply doing the jobs we were trained to do."

〈출처: 온타임즈 요약발췌, 2009.3.20〉

■ 실습 Work Sheet 1 – 준비

비 행 정 보					
운항구간		편명		출발일시	
비행시간		기종		승무원 수	

객실승무원 명단 및 담당 Zone			
담당 (J/S)위치	객실승무원 명단	담당 Door & 담당 Zone	Zone별 특이사항

☐ **Work Sheet 1 작성방법**

1. 담당 J/S 위치 : L1, R1, L2, R2 등

2. 담당 Door : L1 Door 또는 By Pass Duty 등

3. 담당 Zone : A Zone, B Zone 등

4. Zone별 특이사항 : ex) 21A - UM 1명 탑승, 24B - Infant PAX, 35C-
WHCR PAX, C Zone - 군인 10명 탑승 등

■ 실습 Work Sheet 2 – 준비된 비상탈출 절차

□ 운항브리핑

- 운항승무원 → 객실사무장에게 인터폰으로 비상상황 및 비상착륙 준비 전달

  ex) "사무장님, 우리 항공기는 (엔진 결함)으로 인하여 앞으로 약 30분 후에 (   )에 비상착륙하겠습니다. 승무원들은 Planned Evacuation 절차에 따라 비상착륙을 준비해 주십시오."

- 비상착륙 장소에 따른 상황 이해
- 기장 Command Review
- 비행정보 및 객실상황 공유

☞ 실습

☐ 객실 브리핑

- 인터폰 all call
- 모든 객실승무원들과 운항승무원에게 전달받은 비상상황 공유
- 각 Zone의 특이사항 취합
- 승객 브리핑 실시 예고

☞ 실습

☐ 승객 브리핑

- 승객통제
- Purser : 준비된 비상탈출 절차의 승객 브리핑 방송문으로 읽기
- Cabin Crew : 각자의 위치에서 승객 브리핑 방송문에 따라 해당 Zone의 승객들에게 승객 브리핑 내용 설명

☞ 실습

□ 협조자 선정

- 각 Zone의 Special Care Pax에 따른 협조자 선정

☞ 실습

□ 좌석 재배치

- 군인, 경찰관, 승무원 등 협조자로 선정하여 좌석 재배치

☞ 실습

□ 갤리 및 객실 조치

□ 최종 점검 후 승무원 착석

- GLY 유동물 고정 및 확인, LAV, Cabin 최종 점검 후 승무원 착석
- Purser : "Cabin light Dim", "Emergency Light On"
- 착륙 1분 전, 기장의 "Brace Position Signal"
- "충격방지자세" Shouting
- 객실승무원 담당 J/S에 착석

☞ 실습

□ 항공기 정지 및 승객의 항공기 탈출

- 항공기 정지 후 "비상탈출, Evacuation" 명령에 따라(상황에 따라 객실승무원이 할 수 있음) 외부상황 및 내부상황 확인하여 "Door Operation"
- 탈출구 정상 확인/탈출구 비정상 시 다른 비상구로 유도
- 슬라이드 팽창 정상/비정상 시 Manual Inflation Handle 사용 또는 다른 비상구로 유도
- 비상구 협조자 선정하여 먼저 탈출하도록 하고 이후 승객 탈출 지시

☞ 실습

□ 항공기 최종 확인 및 승무원 탈출

☞ 실습

• 잔류 승객 확인 및 보고
• (필요에 따라) 반출품 소지하고 탈출

A

ACL (Allowable Cabin Load)
객실 및 화물실에 탑재 가능한 최대 중량으로서 이착륙 시의 기상조건, 활주로의 길이, 비행기의 총중량 및 탑재 연료량 등에 의해 영향을 받는다.

Address
5자리 혹은 6자리로 구성된 항공예약코드

AED (Automated External Defibrillator)
자동심실제세동기

Air Bleeding
Water Boiler 작동 때 Hot & Cold Faucet으로부터 정상적이고 기포가 없는 연속적인 물이 나올 때까지 충분히 물을 빼주는 것을 말한다. Air Bleeding이 충분치 않은 상태에서 Water Boiler를 사용할 경우 과열에 의한 화재 발생의 원인이 된다.

Air Ventilation
항공기 내 공기순환장치

APIS (Advance Passenger Information System)
출발지 공항 항공사에서 예약/발권 또는 탑승수속 시 승객에 대한 필요 정보를 수집, 미법무부/세관 당국에 미리 통보하여 미국 도착 탑승객에 대한 사전 점검을 가능하게 함으로써 입국심사 소요시간을 단축시키는 제도

Apron
주기장. 공항에서 여객의 승강, 화물의 적재 및 정비 등을 하기 위해 항공기가 주기하는 장소

APU (Auxiliary Power Unit)
항공기 뒷부분에 달려 있는 보조 동력장치로 외부 동력 지원이 없을 때 자체적으로 전원을
공급할 수 있는 장치

ARS (Audio Response System)
국내선, 국제선 항공기의 당일 정상운항 여부 및 좌석 현황을 전화로 알아볼 수 있는
자동 음성응답 서비스

ASP (Advance Seating Product)
항공 편 예약 시 원하는 좌석을 미리 예약할 수 있도록 하는 사전 좌석 배정제도

ATA (Actual Time of Arrival)
실제 항공기 도착시간

ATB (Automated Ticket and Boarding Pass)
탑승권 겸용 항공권으로서 Void Coupon 없이 실제 항공권만 발행한다.

ATC Holding (Air Traffic Control Holding)
공항의 혼잡 또는 기타 이유로 관제탑의 지시에 따라 항공기가 지상에서 대기하거나 공중
에서 선회하는 것

ATD (Actual Time of Departure)
실제 항공기 출발시간

Attendant Panel
객실승무원 직무와 관련된 항공기 시스템을 작동 및 모니터링하기 위해 사용하도록 설계
된 제어판

AWB (Air Waybill)
송하인과 항공사 간에 화물 운송계약체결을 증명하는 서류

AVOD (Audio & Video On Demand)
개인 좌석에 장착된 모니터를 통해 승객이 선호하는 음악, 영화프로그램을 선택하여 감상
할 수 있는 시스템

B

Baby Bassinet(BSCT)
기내용의 유아요람으로 항공기 객실 내부 각 구역 앞의 벽면에 설치하여 사용한다.

Baggage Claim Tag
위탁수하물의 식별을 위해 항공회사가 발행하는 수하물 증표

Block Time
항공기가 자력으로 움직이기 시작(Push Back)해서부터 다음 목적지에 착륙하여 정지
(Engine Shut Down)할 때까지의 시간

Boarding Pass
탑승권

Bond
외국에서 수입한 화물에 대해서 관세를 부과하는 것이 원칙이나 그 관세징수를 일시 유보
하는 미통관 상태

Bonded Area
보세구역

Booking Class
기내에서 동일한 Class를 이용하는 승객이라 할지라도 상대적으로 높은 운임을 지불한
승객에게 수요 발생시점에 관계없이 예약 시 우선권을 부여하고자 하는 예약 등급

Bulk Loading
화물을 ULD를 사용하지 않고 낱개상태로 직접 탑재하는 것

Bulkhead Seat
객실을 나누는 칸막이로 클래스(Class)나 구역(Zone) 사이에 설치된 분리벽에 있는 좌석

Bunk
항공기내에서 비행 중 승무원이 교대로 휴식을 취할 수 있는 공간

C

Cancellation
결항. 목적지 기상의 불량, 기체의 고장, 결함의 발견 또는 예상 등으로 사전 계획된 운항편을 취소하는 것

Cargo Manifest (CGO MFST)
화물 적하목록. 관계당국에 제출하기 위해 탑재된 화물의 상세한 내역을 적은 적하목록으로 주요 기재사항으로는 항공기 등록번호, Flight Number, Flight 출발지, 목적지, Air Waybill Number, 화물의 개수, 중량, 품목 등이다.

CAT (Clear Air Turbulence)
청천난류

Catering
기내에서 서비스되는 기내식 음료 및 기내용품을 공급하는 업무. 항공회사 자체가 기내식 공장을 운영하며 Catering을 행하는 경우도 있으나 대부분은 Catering 전문회사에 위탁하고 있다.

CDL (Cabin Discrepancy List)
운항 중 객실장비의 고장 및 내용을 기재하는 일지

Charter Flight
공표된 스케줄에 따라 특정 구간을 정기적으로 운항하는 정기편 항공운송과 달리 운항구간, 운항시기, 운항스케줄 등이 부정기적인 항공운송 형태를 말한다.

CHG
Change의 약어

C.I.Q.
Customs(세관), Immigration(출입국), Quarantine(검역)의 첫 문자로 정부기관에 의한 출입국 절차의 심사를 의미한다.

CIS (Central Information System)
여행에 필요한 각종 정보 및 기타 예약 업무 시 참고사항을 Chapter & Page화하여 수록한 종합 여행정보시스템으로 General Topic Chapter와 City Chapter로 구성된다.

CM (Cargo Manifest)
관계당국에 제출하기 위해 항공기 등록번호, 비행편수, 출발지 목적지, 화물의 개수, 중량, 품목 등 탑재된 화물의 상세한 내역을 나타내는 적하목록

CMS (Cabin Management System)
기내의 모든 Entertainment, Light 및 공기순환 등을 통제하는 시스템

CPR (Cardio-Pulmonary Resuscitation)
심폐소생술. 심장의 기능이 정지하거나 호흡이 멈추었을 때 사용하는 응급처치

CRM (Crew Resource Management)
승무원자원관리. 안전하고 효율적인 항공기 운항을 위하여 항공기 운항과 관련한 하드웨어, 소프트웨어, 운항관련 인적 자원과 환경 등 이용 가능한 자원을 효과적으로 사용하도록 하기 위한 교육 훈련과정

CRS (Computer Reservation System)
항공사가 사용하는 예약 전산 시스템으로서, 단순 예약기록의 관리뿐 아니라 각종 여행정보를 수록하여 정확하고 광범위한 대고객 서비스를 가능케 한다.

CRT (Cathode Ray Tube)
컴퓨터에 연결되어 있는 전산장비의 일종으로 TV와 같은 화면과 타자판으로 구성되어 있으며 Main Computer에 저장되어 있는 정보를 즉시 Display해 보거나 필요한 경우 입력도 가능하다.

CTC
Contact의 약어

Critical 11
항공기가 이륙을 위해 활주를 개시한 후의 3분간과 공항 진입에서 착륙할 때까지의 8분을 합친 11분 동안이 항공기의 사고율이 가장 높은 결정적 순간이라는 것을 의미

DBC (Denied Boarding Compensation)
해당 항공 편의 초과예약 등 자사의 귀책사유로 인하여 탑승이 거절된 승객에 대한 보상제도

Declaration of Indemnity
동반자 없는 소아 승객, 환자, 기타 면책사항에 관한 항공회사에 만일의 어떠한 경우에도 책임을 묻지 않는다는 요지를 기입한 보증서

De-icing (DCNG)
항공기 표면의 서리, 얼음, 눈 등을 제거

Deportee (DEPO)
강제 추방자. 합법, 불법을 막론하고 일단 입국한 후 관계당국에 의해 강제로 추방되는 승객

Dispatcher
운항관리사. 항공기의 안전운항을 위해 항공기 출발 전에 기상조건이나 비행 항로상의 모든 운항정보를 수집, 비행계획을 수립하여 기장의 합의를 받는다. 비행 중에는 항공기의 위치 통보를 지켜보면서 운항사정을 파악하고 비행의 종료에 이르기까지 안전운항을 위한 역할을 한다.

Diversion
목적지 변경. 목적지의 기상불량 등으로 다른 비행장에 착륙하는 것을 말하며, 출발지로 돌아오는 경우는 아니다.

E/D Card (Embarkation/Disembarkation Card)
출입국 신고서(기록카드)

Embargo
어떤 항공회사가 특정 구간에 있어 특정 여객 및 화물에 대해 일정기간 동안 운송을 제한 또는 거절하는 것을 말한다.

Emergency Signal
필요시 객실, 운항승무원 상호 간 비상신호. 모든 승무원은 비상신호를 듣는 즉시 Handset을 들고 자신의 위치를 말한 후 발신자로부터 상황이나 지시를 전달받거나 자신의 상황을 전달한다.

Emergency Locator Transmitter (ELT)
비상위치발신기로 비상착륙 및 착수 시 현재 위치를 송신하는 구조요청장치

EMK (Emergency Medical Kit)
비상응급 의료기구

Endorsement
항공사 간 항공권에 대한 권리를 양도하기 위한 행위

Escape Strap
비상착수 시 Overwing Window Exit로 탈출할 때 승객의 탈출을 항공기 전방으로
유도하고 탈출에 도움을 주기 위한 보조장비. 날개 위에 장착된 고리에 고정시켜 사용
한다.

ETA (Estimated Time of Arrival)
도착 예정시간

ETD (Estimated Time of Departure)
출발 예정시간

Evacuation Signal
탈출 신호경고음

Excess Baggage Charge
무료 수하물량을 초과할 경우에 부과되는 수하물 요금

Express Service
소형 화물 특송 서비스

Extra Flight
현재 취항 중인 노선에 정기편이 아니고 추가된 Flight

Ferry Flight
유상 탑재물을 탑재하지 않고 실시하는 비행을 말하며, 항공기 도입, 정비, 편도 전세
운항 등이 이에 속한다.

First Aid Kit

기내에 탑재되는 응급 처치함

FOC (Free of Charge)

무료로 제공받은 Ticket으로 SUBLO와 NO SUBLO로 구분된다.

Forwarder

항공화물 운송대리점(인)

Free Baggage Allowance

여객운임 이외에 별도의 요금 없이 운송할 수 있는 수하물의 허용량

G

G/D (General Declaration)

항공기 출항허가를 받기 위해 관계기관에 제출하는 서류의 하나로 항공 편의 일반적 사항, 승무원의 명단과 비행상의 특기사항 등이 기재되어 있다.

G/H (Ground Handling)

지상조업. 항공화물, 수하물 탑재, 하역작업 및 기내청소 등의 업무

Girt Bar

Slide를 문턱 부분의 Floor Fitting에 고정시키는 금속의 막대

Giveaway

기내에서 탑승객에게 제공되는 탑승기념품

GMT (Greenwich Mean Time)

영국 런던 교외 Greenwich를 통과하는 자오선을 기준으로 한 Greenwich 표준시를 0으로 하여 각 지역 표준시와의 차를 시차라고 한다.

GPU (Ground Power Unit)

지상에 있는 비행기에 외부로부터 전력을 공급하기 위한 교류발전기를 실은 전원장치

Ground Time

한 공항에서 어떤 항공기가 Ramp-In해서 Ramp-Out하기까지의 지상체류 시간

GRP
Group의 약어

GSH (Go Show)
예약이 확정되지 않은 승객이 해당 비행 편의 잔여좌석 발생 시 탑승하기 위해 공항에 나오는 것

GTR (Government Transportation Request)
공무로 해외여행을 하는 공무원 및 이에 준하는 사람들에 대한 할인 및 우대 서비스를 말하며 국가적인 차원에서 국적기 보호육성, 정부 예산절감, 외화 유출방지 등의 효과를 가지고 있다.

Hand Carried Baggage
기내 반입 수하물

Hangar
항공기의 점검 및 정비를 위해 설치된 항공기 주기 공간을 확보한 장소로 격납고를 의미한다.

Heaving Line
구명줄. 구명정에서 물에 빠진 인명을 구조하는 데 사용하며, Raft와 Raft를 상호 결합시키는 Rope로 활용

HELP 자세(Heat Escape Lessening Posture)
물 안에서 태아처럼 목과 겨드랑이, 허벅지의 안쪽을 몸에 붙여, 웅크리며 최대한의 체온을 유지하는 자세

Huddle 자세
여러 사람이 집단으로 서로서로 팔짱을 끼고 원형의 형태로 붙어 있어 체온 손실을 방지하는 자세

IATA (International Air Transportation Association)
국제항공운송협회. 세계 각국의 민간항공회사의 단체로 1945년 결성되어 항공운임의 결정 및 항공사 간 운임정산 등의 업무를 행한다. 본부는 캐나다의 몬트리올에 있다.

ICAO (International Civil Aviation Organization)
국제민간항공기구. 국제연합의 전문기구 중 하나로 국제민간항공의 안전유지, 항공기술의 향상, 항공로와 항공시설의 발달, 촉진 등을 목적으로 1947년에 창설되었다. 한국은 1952년에 가입하였으며 본부는 캐나다의 몬트리올에 있다.

In Bound/Out Bound
임의의 도시 또는 공항을 기점으로 들어오는 비행 편과 나가는 비행 편을 일컫는 용어

Inadmissible Passenger (INAD)
사증 미소지, 여권 유효기간 만료, 사증목적 외 입국 등 입국자격 결격사유로 입국이 거절된 여객

Inclusive Tour (IT)
항공요금, 호텔비, 식비, 관광비 등을 포함하여 판매되고 있는 관광을 말하며 Package Tour라고도 한다.

IRR
Irregular의 약어

Itinerary
여정. 여객의 여행개시부터 종료까지를 포함한 전 구간

J

Joint Operation
영업효율을 높이고 모든 경비의 합리화를 도모하며 항공협정상의 문제나 경쟁력 강화를 위하여 2개 이상의 항공회사가 공동 운항하는 것

L

L/F (Load Factor)
공급좌석에 대한 실제 탑승객의 비율($\frac{탑승객}{전체\ 공급좌석} \times 100$)

M

Manual Inflation Handle
Escape Device를 수동으로 팽창하기 위한 Handle

MAS (Meet & Assist Service)
VIP, CIP 또는 Special Care가 필요한 승객에 대한 공항에서의 영접 및 지원 업무

Master Call Light Display
항공기 갤리 옆 천장에 있는 호출장치

MCO (Miscellaneous Charges Order)
제 비용 청구서. 추후 발행될 항공권의 운임 또는 해당 승객의 항공여행 중 부대서비스
Charge를 징수한 경우 등에 발행되는 지불 증표

MCT (Minimum Connection Time)
특정 공항에서 연결편에 탑승하기 위해 연결편 항공기 탑승 시 소요되는 최소시간

N

NIL
None의 약어

NO SUBLO (No Subject to Load)
무상 또는 할인 요금을 지불한 승객이지만 일반 유상승객과 같이 좌석예약이 확보되는
것을 말한다.

NRC (No Record)
항공기 단말기상에 예약기록이 없는 상태

NSH (No Show)
예약이 확정된 승객이 당일 공항에 나타나지 않는 경우

OAG (Official Airline Guide)
OAG사가 발행하는 전 세계의 국내, 국제선 시간표를 중심으로 운임, 통화, 환산표 등 여행에 필요한 자료가 수록된 간행물. 수록된 내용은 공항별 최소 연결시간, 주요 공항의 구조 시설물, 항공업무에 사용되는 각종 약어, 공항세 및 Check-in 유의사항, 수하물 규정 및 무료 수하물 허용량 등이다.

Off Line
자사 항공 편이 취항하지 않는 지점 또는 구간

On Line
자사가 운항하고 있는 지점 또는 구간

Overbooking
특정 비행 편에 판매가능 좌석 수보다 예약자의 수가 더 많은 상태. 즉 No-Show 승객으로 인한 Seat Loss를 방지하여 수입 제고를 도모하며 고객의 예약기회 확대를 통한 예약 서비스 증대를 위해 실제 항공기 좌석 숫자보다 예약을 초과하여 받는 것을 말한다. Overbooking률은 오랜 기간 동안의 평균 No-Show율, 과거 예약의 흐름, 단체 예약자 수, 예약 재확인을 실시한 승객 수 등을 고려하여 결정, 운영된다.

Overwing Exit Door
항공기의 객실 내 날개 부분에 설치되어 있는 비상구

PA (Public Address)
기내방송

Payload
유상 탑재량. 실제로 탑승한 승객, 화물, 우편물 등의 중량이다. 그 양은 허용 탑재량 (ACL)에 의해 제한된다.

PNR (Passenger Name Record)
승객의 예약기록번호

Pre-flight Check
객실승무원이 승객 탑승 전 담당 임무별 객실 안전 및 기내 서비스를 위해 준비하는
시간으로 비상장비, 서비스 기물 및 물품 점검, 객실의 항공기 상태 등을 확인, 준비하는
것을 말한다.

PSU (Passenger Service Unit)
비행 중에 승객이 좌석에 앉아서 이용할 수 있는 승객 서비스 장치

PTA (Prepaid Ticket Advice)
타 도시에 거주하고 있는 승객을 위하여 제3자가 항공운임을 사전에 지불하고 타 도시에
있는 승객에게 항공권을 발급하는 제도

Push Back
항공기가 주기되어 있는 곳에서 출발하기 위해 후진하는 행위로 항공기는 자체의 힘으로
후진이 불가능하므로 Towing Car를 이용하여 후진한다.

Protective Breathing Equipment (PBE)
기내화재 진압 시 연기, 유독가스 등으로부터 완전하고 밀폐된 보호기능을 제공하는 호흡
장비

Ramp
항공기 계류장

Ramp-out
항공기가 공항의 계류장에 체재되어 있는 상태에서 출항하기 위해 바퀴가 움직이기 시작
하는 상태

Reconfirmation
여객이 항공 편으로 어느 지점에 도착하였을 때 다음 탑승편 출발 시까지 일정 시간
이상이 경과할 경우 예약을 재확인하도록 되어 있는 제도

Refund
사용하지 않은 항공권에 대하여 전체나 부분의 운임을 반환하여 주는 것

Replacement
승객이 항공권을 분실하였을 경우 항공권 관련사항을 접수 후 항공사 해당점소에서 신고
사항을 근거로 발행점소에서 확인 후 항공권을 재발행하는 것

Resuscitator Bag
인공호흡 시 사용하는 보조기구로 환자의 호흡을 유도하고 산소를 추가적으로 공급하기
위해 사용되며, 청진기, 탈지면, 얼음주머니, 혈압계, 압박붕대, 체온계 등이 있다.

Retractable Monitor
객실천장에 있는 모니터. B737과 같은 소형기종에 장착되어 있다.

R/I (Restricted Item)
승객의 휴대수하물 중 보안상 문제가 될 수 있는 Item으로 기내 반입이 불가하다(우산,
골프채, 칼, 가위, 톱, 건전지 등).

RPA (Restricted Passenger Advice)
항공기의 안전상 또는 승객의 심신상의 이유로 항공사가 정한 일정 조건에 의하여 운송하
는 승객

S

Safety Strap
항공기 문이 열려 있는 경우, 안전사고 방지용 줄

Seat Configuration
기종별 항공기에 장착되어 있는 좌석의 배열

Seat Restraint Bar
좌석의 발 부분에 설치되어 있고, 좌석 밑에 놓인 휴대수하물을 고정시키기 위한 장치로
좌석의 전방과 옆면에 설치되어 있다.

Segment
항공 운항 시 승객의 여정에 해당되는 모든 구간

Ship Pouch
Restricted Item, 부서 간 전달 서류 등을 넣는 Bag으로 출발 전 사무장이 운송부 직원에게 인수받아 목적지 공항에 인계한다.

Shoulder Harness
이착륙 시 승무원 좌석에 착석하여 매는 어깨 끈

SHR (Special Handling Request)
특별히 주의를 요해 Care해야 하는 승객으로 운송부 직원으로부터 Inform을 받는다.

Simulator
조종훈련에 사용하는 항공기 모의 비행장치로 항공기의 조종석과 동일하게 제작되어 실제 비행훈련을 하는 것과 같은 효과를 얻을 수 있다.

SKD
Schedule의 약어

Slide Bustle
Escape Slide를 보관하고 있는 Plastic Case

Slide Bustle Brackets
소형기의 Slide 하단에 붙어 있는 고리

Smoke Detector
항공기내 화장실 내 연기감지장비

Smoke Flare Kit
연기불꽃 신호기

Squawk
비행 중 고장이 있다든지 작동상 이상한 부분이 있으면 승무원은 항공일지에 그 결함상태를 기입하여 정비사에 인도하게 되는데 이것을 Squawk이라고 한다.

STA (Scheduled Time of Arrival)
공시된 Time Table상의 항공기 도착 예정시간

STD (Scheduled Time of Departure)
공시된 Time Table상의 항공기 출발 예정시간

Sterile Cockpit
비행안전취약단계. 운항승무원의 업무를 방해하는 어떤 행위도 금지하는 규정

Stopover
여객이 적정 운임을 지불하여 출발지와 종착지 간의 중간 지점에서 24시간 이상 체류하는 것을 의미하며, 요금 종류에 따라 도중 체류가 불가능한 경우가 있다.

Stopover on Companys Account
연결편 승객을 위한 우대서비스로 승객이 여정상 연결편으로 갈아타기 위해 도중에서 체류해야 할 경우 도중 체류에 필요한 제반 비용을 항공사가 부담하여 제공하는 서비스

SUBLO (Subject to Load)
예약과 상관없이 공석이 있는 경우에만 탑승할 수 있는 무임 또는 할인운임 승객의 탑승조건(항공사 직원 등)

Tariff
항공관광객 요금이나 화물요율 및 그들의 관계 규정을 수록해 놓은 요금요율 책자

Taxing
Push Back을 마친 항공기가 이륙을 위해 이동하는 행위로 그 경로를 Taxi Way라고 한다.

Technical Landing
여객, 화물 등의 적하를 하지 않고 급유나 기재 정비 등의 기술적 필요성 때문에 착륙하는 것

TIM (Travel Information Manual)
승객이 해외 여행 시 필요한 정보, 즉 여권, 비자, 예방 접종, 세관 관계 등 각국에서 요구하는 규정이 철자 순으로 수록되어 있는 소책자. 즉 각국의 출입국 절차 및 입국 시 준비서류 등을 종합적으로 안내하는 책자로 국제선 항공 편의 기내에 비치되어 있다.

TIMATIC
TIM을 전산화한 것으로, 고객이 필요한 정보를 Update된 상황에서 신속히 제공하기 위한 것. TIMATIC은 여러 분류기호에 따라 필요부분을 볼 수 있으며, 크게 Full Text Data

Base와 Specific Text Data Base의 두 부분으로 구분한다.

Transfer
여정상의 중간지점에서 여객이나 화물이 특정 항공사의 비행 편으로부터 동일 항공사의 다른 비행 편이나 타 항공사의 비행 편으로 바꿔 타거나 전달되는 것

Transit
여객이 중간 기착지에서 항공기를 갈아타는 것

TTL (Ticketing Time Limit)
매표구입 시한. 항공권을 구입하기로 약속된 시점까지 구입하지 않은 경우 예약이 취소될 수 있다.

TWOV (Transit without Visa)
항공기를 갈아타기 위하여 짧은 시간 체재하는 경우에는 비자를 요구하지 않는 경우를 말한다.

ULD (Unit Load Device)
Pallet, Container 등 화물(수하물)을 항공기에 탑재하는 규격화된 용기

UM (Unaccompanied Minor)
성인의 동반 없이 혼자 여행하는 최초여행일 기준 만 5세 이상 12세 미만의 유아나 소아

Upgrade
상급 Class에의 등급변화를 일컬으며 관광자의 의사에 따라 행하는 경우와 회사의 형편상 행하는 경우가 있으며 후자의 경우 추가요금 징수가 없다.

UPK (Universal Precaution Kit)
환자의 체액이나 혈액을 직접 접촉함으로써 발생할 수 있는 오염 가능성을 없애고 오염된 장비 및 설비를 보관 후 안전하게 폐기하는 데 사용

Version

동일 기종 항공기 타입 중에서 항공기의 크기, 객실의 구조, 엔진의 크기 등이 상이한 것을 Version으로 구분한다.

Void

취소표기. AWB나 Manifest 등의 취소 시 사용되는 표기

VWA (Visa Waiver Agreement)

양 국가 간에 관광, 상용 등 단기 목적으로 여행 시 협정체결국가에 비자 없이 입국이 가능하도록 한 협정

VWPP (Visa Waiver Pilot Program)

미국 입국규정에 의거, 당 협정을 맺은 국가의 국민이 협정가입 항공사를 이용하여 미국 입국 시 미국 비자 없이도 입국 가능토록 한 일종의 단기 비자 면제협정

W/B (Weight & Balance)

항공기의 중량 및 중심 위치를 실측 또는 계산에 의해 산출하는 것을 말한다.

Winglet

비행기의 주날개 끝에 달린 작은 날개. 미국항공우주국(NASA)의 R. T. 위트컴이 고안하였는데, 비행기의 주날개 끝에 수직 또는 수직에 가깝게 장치한다. 날개 끝에서 발생하는 소용돌이로 인한 유도항력을 감소시킴과 동시에 윙릿에서 발생하는 양력을 추력 성분으로 바꾸어 항력(Drag)을 감소시키는 것으로, 연료 절감에도 큰 효과가 기대되고 있다.

저자소개

박 혜 정   이화여자대학교 정치외교학과 졸업
세종대학교 관광대학원 관광경영학과 졸업(경영학 석사)
세종대학교 대학원 호텔관광경영학과 졸업(호텔관광학 박사)
대한항공 객실승무원
대한항공 객실훈련원 전임강사
동주대학교 항공운항과 교수
현) 수원과학대학교 항공관광과 교수

김 선 아   한국외국어대학교 불어과 졸업
한국외국어대학교 정치행정언론대학원 공공정책학과
　국제항공행정 전공(행정학 석사)
한국항공대학교 항공운항관리학과 항공우주법 전공(법학 박사)
아시아나항공 부사무장
현) 한국항공대학교 항공안전교육원 초빙교수
　수원과학대학교 항공관광과 초빙교수

저자와의
합의하에
인지첩부
생략

항공객실 안전과 보안

2024년 7월 25일 초판 1쇄 인쇄
2024년 7월 31일 초판 1쇄 발행

지은이 박혜정 · 김선아
펴낸이 진욱상
펴낸곳 백산출판사
교 정 성인숙
본문디자인 오행복
표지디자인 오정은

등 록 1974년 1월 9일 제406-1974-000001호
주 소 경기도 파주시 회동길 370(백산빌딩 3층)
전 화 02-914-1621(代)
팩 스 031-955-9911
이메일 edit@ibaeksan.kr
홈페이지 www.ibaeksan.kr

ISBN 979-11-6639-471-3 93980
값 25,000원